无人机应用技术专业新形态系列教材（总主编：何先定　刘建超　李屹东）

无人机
系统概论

（活页式）

主　编　何先定　许云飞　尹子栋
副主编　姚慧敏　李兴红

课程思政　活页式　新形态

课件　微课　校企合作

西南交通大学出版社
·成　都·

图书在版编目（CIP）数据

无人机系统概论 / 何先定，许云飞，尹子栋主编. —成都：西南交通大学出版社，2022.1（2025.6 重印）
ISBN 978-7-5643-8468-5

Ⅰ. ①无… Ⅱ. ①何… ②许… ③尹… Ⅲ. ①无人驾驶飞机－高等职业教育－教材 Ⅳ. ①V279

中国版本图书馆 CIP 数据核字（2021）第 253050 号

Wurenji Xitong Gailun
无人机系统概论

主编 何先定 许云飞 尹子栋

责任编辑 李 伟
封面设计 吴 兵

出版发行 西南交通大学出版社
（四川省成都市金牛区二环路北一段 111 号
西南交通大学创新大厦 21 楼）
邮政编码 610031
发行部电话 028-87600564 028-87600533
网址 http://www.xnjdcbs.com
印刷 四川玖艺呈现印刷有限公司

成品尺寸 185 mm × 260 mm
印张 11.5
字数 266 千
版次 2022 年 1 月第 1 版
印次 2025 年 6 月第 3 次
定价 35.00 元
书号 ISBN 978-7-5643-8468-5

课件咨询电话：028-81435775
图书如有印装质量问题 本社负责退换

无人机应用技术专业新形态系列教材

编写委员会

李 恒 成都航空职业技术学院
李 艳 成都航空职业技术学院
李懿珂 成都纵横大鹏无人机科技有限公司
李志异 成都航空职业技术学院
刘 驰 四川航天中天动力装备有限责任公司
刘佳嘉 中国民用航空飞行学院
刘 静 重庆科创职业学院
刘 霞 重庆航天职业技术学院
梅 丹 中国人民解放军海军工程大学
潘率诚 西华大学
瞿胡敏 四川傲势科技有限公司
沈 挺 重庆交通大学
唐 斌 成都航空职业技术学院
王 聪 成都航空职业技术学院
王 进 成都纵横大鹏无人机科技有限公司
王 强 成都航空职业技术学院
王思源 成都航空职业技术学院
王 旭 成都航空职业技术学院
魏春晓 成都航空职业技术学院
吴 爽 中航（成都）无人机系统股份有限公司
邢海涛 [illegible]林业职业技术学院
徐凤[illegible] [illegible]国人民解放军海军工程大学
闫俊[illegible] 重庆科创职业学院
杨[illegible] 成都航空职业技术学院
杨[illegible] 成都理工大学工程技术学院
杨艳 成都航空职业技术学院
杨[illegible] 成都航空职业技术学院
尹子[illegible] 成都航空职业技术学院
张[illegible] 贵州[illegible]师学院
张[illegible] 四川[illegible]有限公司
张[illegible] 成都纵横大鹏无人机科技有限公司
郑才国 成都理工大学工程技术学院
周佳欣 成都航空职业技术学院
邹晓东 中航（成都）无人机系统股份有限公司

李林峰 成都纵横大鹏无人机科技有限公司
李宜康 成都航空职业技术学院
李志鹏 中航（成都）无人机系统股份有限公司
廖开俊 中国人民解放军空军第一航空学院
刘 务 成都纵横大鹏无人机科技有限公司
刘 健 山西机电职业技术学院
刘明鑫 成都航空职业技术学院
马云峰 成都纵横大鹏无人机科技有限公司
牟如强 成都理工大学工程技术学院
屈仁飞 成都西南交大研究院有限公司
任 勇 重庆电子工程职业学院
宋 勇 四川航天中天动力装备有限责任公司
田 园 成都航空职业技术学院
王国汁 中航（成都）无人机系统股份有限公司
王朋飞 西安航空职业技术学院
王泉川 中国民用航空飞行学院
王文敏 中国民用航空飞行学院
王 洵 成都航空职业技术学院
吴 可 重庆交通大学
谢燕梅 成都航空职业技术学院
熊 斌 重庆交通大学
许开冲 成都纵横自动化技术股份有限公司
严向峰 成都航空职业技术学院
杨谨源 中航教育科技（天津）有限公司
杨 锐 成都纵横自动化技术股份有限公司
杨 雄 重庆航天职业技术学院
姚慧敏 成都航空职业技术学院
游 皇 成都纵横大鹏无人机科技有限公司
张 梅 成都农业科技职业学院
张惟斌 西华大学
赵 军 重庆电子工程职业学院
周 彬 重庆电子工程职业学院
周仁建 成都航空职业技术学院

前言

PREFACE

无人机产业是现代航空航天技术与网络通信技术、人工智能、大数据融合发展形成的战略新兴产业。在百年未有之大变局下，无人机装备对部队战斗力生成，提升国家安全的作用更加突出。习近平主席在空军航空大学视察参观时讲话“要加强无人作战研究，加强无人机专业建设，加强实战化教育训练，加快培养无人机运用。”“十三五”以来，无人机从军用到民用、从消费领域到工业领域，得到极为广泛的应用，众多产业通过“无人机＋”增值赋能，实现了产业升级换代。众多省市均在产业规划中将无人机产业定性为须着力打造的极具发展潜力的优势产业。随着无人机系统在军民领域的广泛应用，无人机市场规模和应用领域不断扩大，除了消费级无人机的持续火热，工业级无人机在农业、植保、航测、警用、电力、能源、环保、应急、人工影响天气等领域成为新的热点。

本书按走近无人机系统、无人机可以干什么、无人机发展简史、无人机的组成、如何成为无人机领域的行家里手 5 个学习情境进行编写。每个学习情境采用多重循环任务框架，以情境创建、任务实施、知识点理论与方法的模式，通过实际问题与知识点结合，更好地帮助学生或读者理解无人机系统的基本概念、基础知识，快速完成无人机系统知识技能体系的自我建构。另外，本书还系统设计了课程思政内容，将家国情怀、航空文化、航空职业素养与无人机系统的发展历程、专业术语、技术技能体系、典型机型构型、行业应用、未来发展趋势等内容有机融合。本书可作为高校无人机应用技术及相关专业的配套教材或参考教材，也可作为无人机培训教材和无人机爱好者的参考书。

本书由何先定、许云飞、尹子栋担任主编，姚慧敏、李兴红担任副主编。本书在编写过程中得到了国内外各大主流无人机厂家及相关兄弟院校的大力支持，同时编者参阅了众多专业学者、无人机研制及使用单位和院校的文献资料，在此表示真诚的感谢。由于无人机体现广而大，编者水平有限，编写过程中难免存在疏漏和不足之处，敬请广大读者批评指正。

编　者

2021 年 9 月

于成都航空职业技术学院

目录
CONTENTS

学习情境 1　走近无人机系统

项目 1　课前思考及准备

任务 1　提前了解并说出 3 种无人机型号

无论是在战场上，还是在日常生活中，“无人机”越来越频繁地出现在我们的视野中。

请在预习时，通过上网搜索资料等方法，了解 3 种无人机型号，并通过小组（每组 4～5 人）方式制作无人机型号介绍的幻灯片，从型号的名称、国籍、首飞时间、用途、外形描述和主要飞行性能（如飞行高度、飞行时间和飞行速度等）等多方面进行图文并茂地介绍。

任务 2　预习飞机的基本组成

【目标要求】

知识目标

（1）掌握无人机的定义。

（2）了解军用无人机当前的主要用途。

（3）了解无人机在我国国民经济发展中所起的作用。

（4）掌握固定翼与旋翼机的差别。

技能目标

（1）通过搜索引擎和关键词等方法获取与无人机相关的知识。

（2）通过工具软件绘制相关知识的思维导图。

（3）利用 PowerPoint 等软件制作简报。

思政目标

（1）了解我国在无人机领域的发展，树立“四个自信”。

（2）能够通过团队合作，在规定的时间内按规定的目标，分工完成任务目标。

项目 2　走近翼龙系列无人机系统

翼龙系列中高空长航时、侦察/打击一体化多用途无人机满足军民用需求。该无人机系统具有全自主水平轮式起降和巡航飞行能力、空地协同能力、地面接力控制能力，平台飞行性能、载荷装载能力、数据传输与控制能力优秀，可适应复杂使用环境下的多种任务需求；在国际上已为用户提供了基于任务需求的多种解决方案，已成功装备多个用户，并实现大强度常态化使用和实战应用，战果显著；在国内已在人工影响天气、应急通信保障等领域深入应用，发挥着重要作用。国内航空工业翼龙系列无人机、北航长鹰系列无人机、航天彩虹系列无人机均是该类无人机的典型代表。

任务 1　去看看翼龙无人机

一、在停机坪看翼龙无人机

对有条件开展现场教学的学校，可组织学生参观停机坪上的翼龙Ⅰ/Ⅱ无人机。

引导问题 1：请观察并描述翼龙Ⅰ/Ⅱ无人机的机翼是什么形状。

引导问题 2：请观察并描述翼龙Ⅰ/Ⅱ无人机的尾翼特点，同时描述该尾翼与日常所见客机尾翼的差别。

引导问题 3：请观察并描述翼龙Ⅰ/Ⅱ无人机的发动机在哪里。

对没有条件开展现场教学的学校，可组织学生在虚拟教学环境或利用项目 1 中完成的汇报材料，对翼龙Ⅰ/Ⅱ无人机进行观察。

二、在课堂上再认识翼龙无人机

在停机坪看翼龙Ⅰ/Ⅱ无人机时，我们通过对停机坪上的翼龙Ⅰ/Ⅱ无人机的观察，初步认识了翼龙Ⅰ/Ⅱ无人机的外形，并通过几个引导问题，着重对翼龙Ⅰ/Ⅱ无人机的主要特征进行了较为细致的观察和描述。

那么，翼龙Ⅰ/Ⅱ无人机在一个从业人员的眼中又是什么样子的呢？让我们以翼龙Ⅱ无人机为例，对其特点做一次系统梳理。

翼龙Ⅱ无人机采用较为常见的气动外形设计方案。最引人注意的特点是翼龙Ⅱ无人机的机翼左右两端跨度极大（见图 1-1-1）。通常我们把机翼从一侧端头到另外一侧端头的距离叫作翼展。而描述一架飞机的外形大小，除了翼展之外，还会用到全机长度和停机状态下到地面的最大高度。另外，翼龙Ⅱ无人机的机翼不仅翼展很大，而且机翼细长，我们把这个特点叫作有比较大的展弦比。一般具有长航时性能的飞机，都会有这个特点。与之类似的还有 RQ-4、MQ-9 等无人机。

图 1-1-1 翼龙Ⅱ无人机

RQ-4 和 MQ-9 均是美军的无人机型号，代表了国际上较为先进的无人机技术水平。诚然，由于历史原因和工业基础等原因限制，与美国为首的西方发达航空工业国家相比，我国的航空工业还需要继续戒骄戒躁，奋起直追。但在察打无人机上，翼龙Ⅱ无人机经过我国航空工业人员的不懈努力，已经站在了国际市场的前沿，成为我国的明星外贸产品。

任务 2 知识拓展

一、无人机系统

无人机有很多种不同的定义方法，但归根结底，能够取得共识的特点包括无人机首先是一种飞行器，同时无人机在飞行时不搭载飞行员和乘客，再次无人机的飞行一定有目的性，并通过机上搭载的任务载荷来完成这个任务。

但在现有的人类技术手段条件下，机上没有飞行员和任务载荷的操作人员，无人机光靠自身难以对所有飞行中遇到的状况进行决断。因此，无人机的飞行还需要人参与飞行决策。这就是无人机地面站的目的与作用，它保障了无人机飞行和任务的完成。

有了无人机，也有了地面站，是不是无人机就构成一个完整系统并且能够完成飞行了呢？还不够，在无人机与地面站之间，还需要一个数据链路将无人机与地面站联系起来。通过数据链路，飞行员可以在地面站获取无人机的飞行状态和机上设备的状态。而无人机也可以通过数据链路，获取飞行员在地面站内进行的各种操作。数据链路还能将无人机上搭载任务载荷的数据实时地传递到地面站，供任务载荷的操作人员对数据进行处理和进一步操作，等等。

所以，对于一个可作业的无人机系统，无人机、地面站和数据链路都是必不可少的组成部分。通常，行业内，我们用“机-站-链”这个词组来概括无人机系统的组成。

无人机是无人驾驶飞机（Unmanned Aerial Vehicle）的简称，是控制站管理的遥控飞行或自主飞行的航空器，包括无人直升机、固定翼机、多旋翼飞行器、无人飞艇、无人伞翼机等，广义地看也包括临近空间飞行器（20 ~ 100 km 空域），如平流层飞艇、高空气球、太阳能无人机等。从某种角度来看，无人机可以在无人驾驶的条件下完成复杂空中飞行任务和各种负载任务，可以被看作是“空中机器人”。

通常所提的“无人机”主要指的是无人机空中飞行平台，从实际使用技术方面考虑，更重要的是“无人机系统”概念。无人机系统是指无人机空中平台及与其配套的任务设备、数据链、控制站、起飞着陆装置以及相关支持保障设备设施的功能系统。

二、固定翼飞行器的飞行原理

最常见的固定翼飞行器就是我们通常见到的飞机。大家都知道飞机是依靠机翼飞起来的。那么，机翼又是如何托起飞机的呢？是不是光靠机翼就能让飞机飞起来呢？

显然，答案并不是如此。下面让我们先来做一些小试验，如图 1-1-2 和图 1-1-3 所示。

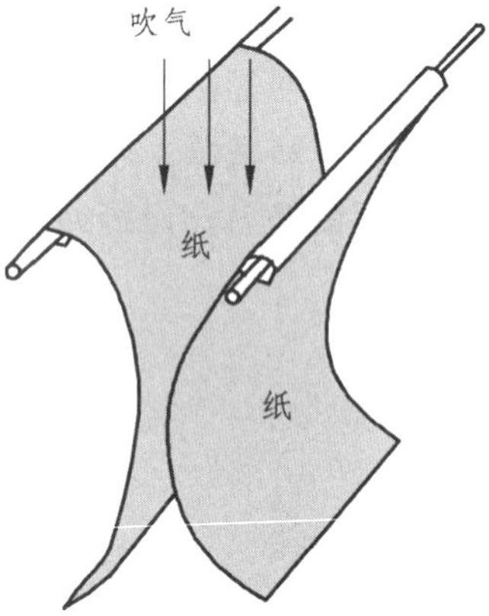

图 1-1-2　试验 1

图 1-1-3　试验 2

从这两个小试验中，我们都观察到了一些非常有意思的现象。例如，在第一个试验中，两张纸条神秘地贴到了一起，没有分开。在第二个试验中，乒乓球始终躲在水龙头之下，并没有被水冲跑。其实，这两个试验都揭示了一个现象，就是动压与静压之和守恒的道理。这个现象揭示了机翼，乃至包括鸟类的翅膀在内，能够产生升力的原因。

基于这个原因，航空先驱们通过大量的试验、理论计算与研究，在动压与静压之和守恒的基础上，进一步掌握产生升力的秘诀。这个秘诀就是翼型（见图 1-1-4）。

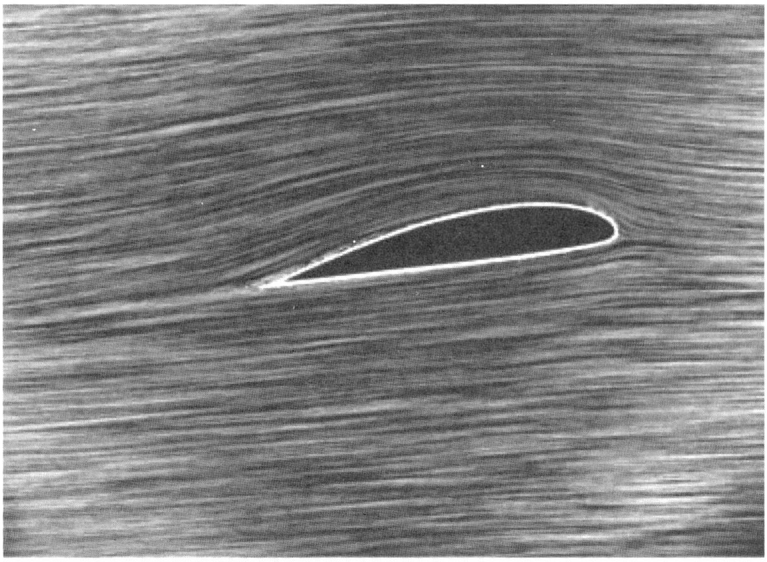

图 1-1-4　翼型及周围流场示意图

通过翼型，可以高效地产生升力，将飞机与空气相对运动时的动能转换为提升高度获取的势能。但仅仅只是产生升力并不能算是可以飞行。因为，飞行除了具有能够平衡自身重力的升力之外，还需要可控，即通过尾翼（或鸭翼）等气动面，控制飞机的姿态和飞行方向。

事实上，尾翼（或鸭翼）就像一个跷跷板。通过杠杆原理，撬动了飞机的姿态，使其在飞行过程中可以根据飞行意图，朝向正确的飞行方向，保持稳定的飞行姿态，实现随心所欲地飞行。

三、固定翼飞行器的飞行控制

通过前面的学习，我们知道一个固定翼飞行器可飞，不仅要有足够的升力，还需要有平衡的稳定性和可操作性。那么，再来看看固定翼飞行器的飞行控制是如何实现的。

我们已经知道，机翼因其特有的形状，在与空气的相对运动中可以高效地获取气动力。因此，固定翼飞行器的各种尾翼，包括鸭翼在内，其本质仍然是一个面积较小的翼面。但其主要用途不一定只是为了获取使飞机腾空而起的升力，而是通过其产生的气动力，使飞机在飞行过程中获取对其姿态进行控制的控制力矩。

我们可以将飞行过程中的飞机看作是一个绕其重心的跷跷板。当希望改变飞机的飞行方向，包括改变飞机的航向、俯仰和左右高低时，其实是希望获取一个控制力矩去撬动飞机的机头指向，使其对准我们期望的方向，进而改变飞机的速度方向，或者说飞行方向。正因为如此，在最常规的飞机布局中，飞机都有一对水平尾翼和一个垂直尾翼（也可能是多个）。水平尾翼的功能就是通过其上的升降舵偏转产生气动力使飞机抬头或低头，而随着喷气式飞机的出现，对控制力矩的需求日益增大，甚至出现了全动水平尾翼，即整个水平尾翼偏转产生俯仰力矩。而垂直尾翼的功能就是通过其上的方向舵产生对航向的控制力矩，使飞机能够左右偏转。但需要注意的是，飞机在飞行时，不仅可以低头、抬头、左右偏航，还可以绕其机身纵轴左右偏转，我们将其称为滚转。而控制这个滚转的，就是在机翼左右两侧靠近翼梢处的副翼，它通过左右差动来实现滚转。

除了上述水平尾翼和垂直尾翼之外，在无人机中还有一些更为普遍的翼面，如V形尾翼和鸭翼。它们的作用又是什么呢?

V形尾翼的本质仍然与水平尾翼、垂直尾翼的作用一致。我们在高中物理中学习过力的分解与合成。事实上，V形尾翼也可以看作是水平尾翼和垂直尾翼的合成，反之亦然。V形尾翼通过其上舵面的组合偏转，产生的气动力在飞机水平面和对称面投影，也就产生了与水平尾翼或垂直尾翼相同的作用效果。

我们可以把鸭翼看作是放到机翼前面的水平尾翼，但因为在前面，所以也就不再叫作尾翼。只是在控制过程中，水平尾翼通过产生负升力去“压”飞机的尾部使其抬头，而鸭翼是通过产生正升力去“抬”飞机的头部使其抬头。

项目3　飞一飞大疆无人机

任务1　通过实践了解大疆无人机

无人机出现得比有人机早，但由于技术发展的限制，早期无人机发展很慢，直到20世纪60年代，由于战争的需要无人机才开始发展，到20世纪90年代，由于技术发展的推动，无人机开始加速发展。2016年，以大疆系列消费级无人机作为消费电子类的产品迅速点燃了整个市场，一时间家喻户晓，在引起消费者狂热追捧的同时，国内外制造商也前赴后继地加入无人机市场，“无人机+”成为热点，其行业应用也越来越广泛。

一、大疆系列无人机

大疆无人机目前有4个系列：

（1）初级入门，Phantom 3 系列；

（2）中坚力量，Phantom 4 系列；

（3）极致便携无人机系列，Mavic 与 Spark；

（4）专业应用，Inspire 系列。

1. 初级入门

Phantom 3 系列：一共有5款机型，分别是 Phantom 3 SE、Phantom 3 Standard、Phantom 3 Professional、Phantom 3 Advanced 和 Phantom 3 4K。

Phantom 3 SE 及 Phantom 3 Standard 拥有较高的性价比。Phantom 3 Professional 和 Phantom 3 4K 拥有较强的拍摄能力。

Phantom 3 Advanced 拥有与 Phantom 3 Professional 一样的 DJI Lightbridge 高清数字图传能力，传输距离可达5 km。

2. 中坚力量

Phantom 4 系列：一共有 3 款机型，分别是 Phantom 4、Phantom 4 Pro、Phantom 4 Advanced。

Phantom 4 系列相较之前的产品变化较大，并进行了较大升级。Phantom 4 的发布引领了机器视觉时代的到来。

3. 极致便携无人机系列

Mavic 与 Spark 这两款小型化的无人机产品不单体积小巧便携，而且功能集成度非常高，依旧保留一体式云台相机，且拥有不错的航拍性能。

4. 专业应用

Inspire 系列：Inspire 1 和 Inspire 2。

Inspire 2 延续了 Inspire 1 的可变形机体设计，从而实现了 360°无遮挡拍摄，其他性能也得到全面提升。

二、景区里的大疆无人机

在各个风景名胜区，游客总喜欢拍照留下到此一游的纪念。随着无人机应用的普及，越来越多的游客开始喜欢用无人机帮助自己留下不一样视角的风景和记忆（见图 1-1-5、图 1-1-6）。

图 1-1-5　无人机

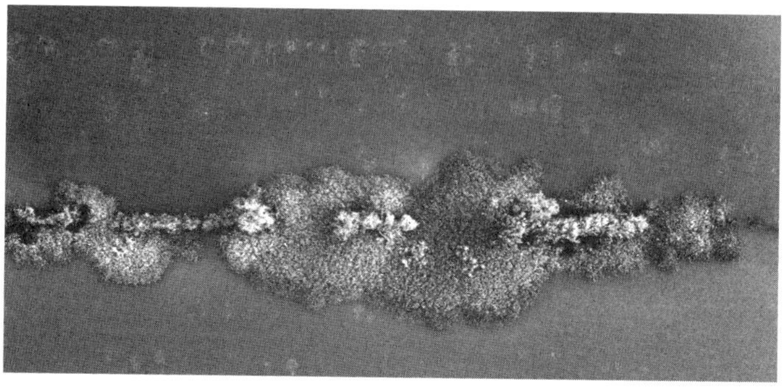

图 1-1-6　无人机拍摄的照片

晴空之下，一架无人机在青山绿水之间自由地飞翔。它依次飞过热带雨林、亭台池塘、林间瀑布、丘壑山谷，以及片片水田，之后返航回到无人机主人身边，带着一路拍摄的照片和视频缓缓降落。

位于海南保亭黎族苗族自治县的呀诺达景区拥有中国唯一地处北纬 18°的热带雨林，它北连五指山，南邻海棠湾，景区内以雨林、山谷、瀑布等自然景观为基础，同时融合了黎苗民俗和南药文化于一体的自然和人文旅游资源。在之前将近 10 年的运营中，已有总量超过一千万的游客来这里感受热带植物的繁茂、穿越水帘和峡谷间踏瀑戏水、乘滑索从上空飞跃雨林，或登上观景台欣赏海上日出。

呀诺达是继宁夏沙湖、江西婺源篁岭、湖南张家界武陵源旅游区后，与大疆合作的第四个“无人机友好型景区”。目前在呀诺达，游客可以借助“天空之眼”，从哇哎噜观景台眺望农场、水库甚至海棠湾景，在雨林谷俯视周围郁郁葱葱的热带雨林和船型黎族传统民居，飞跃三道神瀑探索丛林和山石中的瀑布。

任务 2　知识拓展

一、旋翼飞行器的飞行原理

我们已经学习了简单的固定翼飞行器的飞行原理。那么，旋翼飞行器又是如何飞起来的呢?

在固定翼飞行器飞行原理中，隐含了两个基本假设，这也是空气动力学中的两个基本假设，即：空气是延绵不绝的；当空气静止时物体与空气发生相对运动产生的效果与物体静止不动而空气与之相对运动的效果是一样的。

经过数百年的验证，这两个基本假设已经得到了充分验证。它们同时也是飞行原理的基础。

在固定翼飞行原理中我们知道，当机翼与空气发生相对运动时，即机翼向前运动时，可以产生升力。那么，如果空气仍然保持静止，而机翼从直线运动改为绕转轴旋转呢？是不是也会产生气动力呢？答案是肯定的。基于此，旋翼机利用我们所说的相对运动，将原本需要滑跑获取的与空气的相对速度转化为通过旋转获取与空气的相对速度，得到了升力。这就是旋翼机产生升力的基本原理。

二、多旋翼与直升机的差别

在前面的学习中，我们知道旋翼通过旋转获取了与静止空气的相对速度，进而得到了升力。当旋翼绕轴旋转的同时向某一个方向前进时，旋翼的线速度方向与前进方向相同时，相对速度会变小；反之，旋翼的线速度方向与前进方向相反时，相对速度会变大。我们知道，气动力的大小与速度有关，速度越大，气动力越大。因此，如果直升机的旋翼不采取任何措施，那么当直升机前进时，左右受到的升力就会不平衡，而这个不平衡的力会随速度的增加而加大，直到将直升机从左或右掀翻。或者说，使直升机滚转。

为此，在 20 世纪 20—30 年代，大量的航空先驱们进行了大量的研究，寻求解决的办法。最终，通过自动倾斜器等技术措施，解决了上述问题。而这个问题及其解决措施，就是直升机与多旋翼最大的区别。

直升机和多旋翼都属于旋翼飞行器，都是通过旋翼的旋转获取气动升力。但直升机在飞行过程中，为了解决前面提到的问题，在桨毂上采取了大量措施，消除了前行桨叶和后行桨叶的升力差问题。而多旋翼无人机，由于其固有的对称性，并不需要自动倾斜器等措施。

项目 4　聊聊垂起固定翼无人机

固定翼无人机的优点是航速快、航程长；缺点是起降场地受限，需要跑道或者手抛，弹射起飞，降落只能采用滑降或者伞降，安全性和灵活性都比较差。多旋翼无人机的优点是操作相对简单、垂直起降、对起降场地要求不高，可以随时悬停；缺点是飞行速度慢、续航时间短，控制范围和工作效率都不高。垂直起降固定翼无人机的出现很好地解决了这个矛盾。它兼顾了旋翼机垂直起降的安全、便捷和固定翼飞机航速快、航程长的优点，所以一经推出就受到了市场和各行业无人机使用者的青睐。但是这种动力布局带来巨大方便和安全性的同时，也有一个缺点，无人机在起飞和降落阶段是在多旋翼模式下工作的，这样固定翼动力是死重（对飞行和作业都无效的重量），而在固定翼模式下，多旋翼动力和动力臂是死重，并且多旋翼动力部件会在无人机以固定翼模式飞行时造成多余的气动阻力和扰流，降低机翼的升阻比，这些都会降低飞机的带载能力和续航时间。

任务 1　通过实践了解垂起固定翼无人机

一、CW 系列垂起固定翼无人机

CW-30 是成都纵横公司自主研发的垂直起降固定翼无人机，采用油电混合动力。CW-30 在各项参数性能上实现了多个突破。其中，翼展长度达到 4 m，机身长度达到 2.1 m，比 CW-20 大了不少。而这款最新型号无人机的发动机，也比历代产品提供了更多的动力。大机翼为 CW-30 带来更多的升力，因此它可以飞得更高，能够达到 5 500 m 的高度，满足高原作业的苛刻要求。此外，结合功率更加强劲的飞机发动机，CW-30 的最大任务载荷能够达到 6 kg。如果负载重量进一步减轻，CW-30 的理论续航时间能够达到 6 h。在正常飞行作业的情况下，擅长大面积飞行任务的 CW-30，其单次飞行能够轻松完成 150 km^2 以内的面积。

在上一代产品的基础上，CW-30 还增加了一定的防雨能力。在 10 mm 以下的小雨天气下，CW-30 依然能够轻松驾驭，完成飞行作业。

作为工业级无人机，强大的续航能力和任务载荷能力，是衡量其性能的关键。由于 CW-30 的机身尺寸更大，任务载荷能力更强，因此可供选择搭载的大尺寸任务设备就更多。除常见的单反相机外，CW-30 还能够搭载激光雷达、多拼相机、光电吊舱以及高光谱、多光谱成像设备，以服务更多的行业领域。

相对于纯电无人机，油电混合动力的无人机由于有着高效率、长航时等特点，因此更多被用于测绘、河道巡检、边境巡逻等领域，图 1-1-7 为 CW-10、CW-20、CW-30 三种型号的无人机。

图 1-1-7　CW-10、CW-20、CW-30 无人机

二、飞行在祖国名山大川之上的垂直起降无人机

近年来，无人机航测技术在城市改造、道路桥梁设计、农村宅基地确权、工程项目精细设计等项目中的应用越来越普及，不仅能满足项目对大比例尺地形图的需求，而且无人机机动灵活、工作效率高、经济便捷等特点也是其备受青睐的重要原因。

在测绘领域，垂直起降无人机在高海拔测绘、大高差航测、全画幅倾斜摄影等项目都表现出了卓越的性能。

1. 西藏高海拔测绘，挑战高原复杂环境

为西藏自治区拉萨市达孜区编制未来十五年（2020—2035 年）的国土空间总体规划，布局国土空间发展新格局，2020 年 7 月，自然资源部第一航测遥感院来到这片海拔 3 600 m 以上的高原，用无人机航测技术为该区获取现势性最好、分辨率可以达到 20 cm 的 1∶2 000 比例尺数字正射影像成果。

测区范围：完成达孜区 120 km^2 1∶2 000 测图航摄，测图区域分布于山谷、河道中，实际航飞区域 300 多平方千米。

飞行航线规划：根据实际情况，将测区划分为 18 个摄区，分不同高度航摄，航线设计基本都是沿山谷、河道走向，由于山区地势起伏大，旁向重叠都大于 50%，航向重叠大于 75%。

像控点布设：由于测区属于高海拔地区，山高沟深，像控点测量困难重重，为了减少外业测点的困难度，像控点布设沿测区范围均匀布设，像控点尽量布设在容易到达区域，测区总共布设像控点 198 个，检查点 42 个。

作业中，CW-15 无人机最高起飞海拔 4 500 m，凭借着优越的性能，灵活穿梭在地形复杂的山谷中。在有效的时间里，面对苛刻的环境，高效完成了高原航测任务。

2. 大高差航测任务，助力灾后重建

在科技力量助力防震减灾的新时代，工业无人机的应用得到了重视和大规模应用推广，有效提升了地震预测预警能力，并在震后救灾、重建等工程中发挥了重要作用，补齐了防震减灾工作存在的短板。

2017 年 8 月九寨沟遭遇 7.0 级地震，景区内多处景点受损、山体大量滑坡，地质隐患较大。为了加快景区重建及隐患排查工作，成都纵横公司使用 CW-15 无人机协助四川省地矿局 402 地质队，开展景区航测工作。

作业区域位于九寨沟自然保护区，地势南高北低，山谷深切，高低悬殊，区北缘九寨沟口海拔仅 2 000 m，中部峰岭均在 4 000 m 以上，南缘达 4 500 m 以上，地质背景复杂，且大部分为无人区，植被茂密。整个任务难度系数大，对飞行技术、飞机的整体性能提出了要求。

本次作业 CW-15 无人机搭载专业航测相机，在九寨沟景区尖盘寨起降，共飞行 3 个架次，作业面积约 57 km^2，最远作业半径为 21 km。通过航测数据可协助景区重建工作，发现人工难以巡查到的地质灾害点，推进景区内地质灾害风险预报，提前做好防范措施。

3. 高精度数据采集，高效完成房地一体项目

2020 年，农村房地一体不动产确权登记项目持续推进，无人机航测成为高效且保质完成房地一体项目的重要工具。

2020 年 4 月，CW-15 无人机搭载 2.1 亿像素的全画幅倾斜相机 CA503 作业，基于精细化三维模型做房地一体，三维模型平面中误差 0.032 m，高程中误差 0.026 m，大大提高了作业效率，满足精度要求。

测区范围：本次测试位于攀枝花盐边县红格镇，测区高差约 30 m，总面积约 0.33 km^2，涵盖密集房屋、山体、植被梯田等，整体地势较为陡峭，具有较好的典型性。

像控布设：此测区共布设 17 个像控点，5 个检查点。

航线设计：CW-15 无人机按照 1.6 cm 地面分辨率规划航线，航向重叠度 75%，旁向重叠度 80%，相对航高 124 m，一个架次完成任务。

飞行前准备：CW-15 长航时电动小型无人机，组装简单，全自主飞行，获取原始数据。整机模块化设计，无须任何工具即可完成无人机拆装。

精度验证：将场外获得的数据导入倾斜数据处理软件内，生成三维模型，模型上测得检查点坐标数据与实测点位数据对比，其误差非常小，满足 1∶500 地籍精度要求。

基于 CW 系列无人机倾斜摄影系统，通过实景模型的地理信息系统（GIS）数据采集，不仅能够真实地反映地物情况，高精度地获取物方纹理信息，还可通过先进的定位、融合、建模等技术，生成真实的三维城市模型，可广泛应用在基础测绘、不动产确权、农村宅基地、旧城改造等项目中。

任务 2　知识拓展

复合翼无人机指的是固定翼与旋翼无人机型的完美组合，固定翼无人机具备飞行速度快、飞行高度高、飞行时间长的特点，旋翼无人机具备垂直起降、悬停、灵活等特点，复合翼无人机就具有这两种无人机的优势。

应急救援一直是无人机行业应用中的重点项目，在很多救援行动中都有旋翼无人机的身影，通过航拍传递救援现场数据，帮助救援者做出正确判断。但是，普通旋翼无人机受航时影响，一般多旋翼无人机持续工作时间不能超过 40 min，控制半径不超过 5 km，且受地形影响也非常大，稳定性不够。

固定翼无人机无法垂直起降，起飞时需要专门的跑道，更局限于地形，用于应急救援的情况比较少。

复合翼无人机综合了二者的优点，以应急救援场景为例，应急救援一般比较复杂，如山区火灾现场情况探测、洪涝灾害人员救助、地震现场救援、游客失踪定位等，复合翼无人机非常适合这些复杂场景作业。根据救援地需求，无人机平台搭载高清航测相机、红外相机、紫外相机或可见光相机，可快速精准完成可见光巡线、视频巡检、红外排查及紫外检测等任务，为应急救援提供高效率帮助。

项目 5　拓展项目

自编案例和学习感语

学习情境 2　无人机可以干什么

【情境描述】

上一情境，了解了常见无人机系统的组成及相关原理，本次情境，则带领大家了解无人机的用途，了解无人机在国防军事和国民生产生活中可以发挥哪些作用。

【目标要求】

知识目标

（1）了解并掌握无人机在军事领域的应用范围；了解 MQ-9 等典型军用无人机的特点及其实战经历。

（2）了解并掌握倾斜摄影技术、合成孔径雷达以及激光雷达的技术原理；了解无人机搭载上述设备后的应用场景。

（3）了解并掌握城市实景三维模型的概念，以及无人机在城市规划和物流运输中的具体运用情况。

（4）了解并掌握无人机在智能农业领域发挥的作用，如农林植保、农场放牧等。

（5）了解并掌握无人机在其他国民生产生活中的作用，如台风监测、灾区救援、公安侦查等。

技能目标

（1）能够对知识进行综合运用分析，形成符合逻辑的文本内容。

（2）能够制作幻灯片等汇报材料，掌握幻灯片制作的各类技巧方法。

（3）能够按照论文的形式要求撰写一篇小论文。

（4）能够分组协作搜集相关案例，能够针对无人机每一类应用场景列举具体的案例进行说明。

思政目标

（1）通过了解无人机在实战中的应用，教育学生热爱和平、珍惜和平年代的生活环境，同时增强学生的国防观念，了解我国军事力量的强大，弘扬爱国主义精神。

（2）通过了解无人机在勘测领域的应用，培养学生及时关注科技前沿的意识，同时结合勘探救援等工作树立学生的家国情怀。

（3）通过了解无人机在城市规划、物流运输中的应用，引导学生关心所在城市的发展，关注并思考技术如何改变生活。

（4）通过了解无人机在智能农业领域的应用，培养学生关注“三农”问题，树立科技引领乡村振兴的意识和情怀。

（5）通过了解无人机在台风监测、抢险救灾、公安侦查等国民生产生活领域的作用，拓宽学生的视野，培养学生的科技创新思维。

项目 1　无人机的军事用途

无人机作为现代军事力量的一员，因其无人员伤亡、使用限制少、隐蔽性好、效费比高等特点，在现代战争中的地位和作用日渐突出，也越来越受到人们的关注。

以下列举几种著名机型：

RQ-4 全球鹰无人机（战略无人机），是美国诺斯罗普·格鲁曼公司研制的高空高速无人侦察机。“全球鹰”相貌不凡，看起来很像一头虎鲸，它身体庞大、双翼直挺，翼展超过波音 737 客机，球状机头将直径达 1.2 m 的雷达天线隐藏起来。全球鹰无人机是目前美国空军乃至全世界最先进的无人机，也是世界上飞行时间最长、距离最远、高度最高的无人机。“全球鹰”最大飞行速度 740 km/h，巡航速度 635 km/h，航程 26 000 km，飞行高度 18 000 m，续航时间 42 h，可从美国本土起飞到达全球任何地点进行侦察。

MQ-9“死神”无人机（战术无人机），是第一种猎杀无人机，具有长时程、高海拔监视的特点。MQ-9Reaper（“死神”“收割者”或“掠食者”），以前叫 RQ-9 Predator B，由通用原子航空系统为美国空军、美国海军和英国皇家空军开发。

RQ-11“大渡鸦”，是一种手持发射的轻型侦察用无人飞行载具，由航空环境公司（AeroVironment Inc.）为美国军方发展制造，于 2002 年时开始实际军事部署，主要用于战场上的低空侦察、监视与目标辨识用途。

微型口袋无人机“黑蜂”，是口袋大小能够放在手掌上的纳米隐身微型无人机。该型无人机美军单兵用口袋即可容纳，使美军士兵能够立刻获得从空中进行观察的强大能力。“黑蜂”无人机从敌方部队头顶飞过，给士兵传回实时视频和高清图像。这种小巧的纳米无人机非常安静，敌方士兵很难发觉。“黑蜂”的操作上也十分简便，可以在单兵或小组执行任务时，快速提供整体局势的情况。

以下通过 MQ-9、MQ-1 无人机的学习，带领大家了解无人机在军事领域的应用。

任务 1　了解并制作 MQ-9 无人机发展介绍的幻灯片

【任务描述】

当今世界，美国军用无人机发展水平处于领先地位，其中 MQ-9 无人机是美国现役较先进的中高空、长航时、察打一体型无人攻击机。本次任务则围绕 MQ-9 无人机发展历程，收集资料并制作幻灯片，通过小组协作，按照时间轴的顺序整理资料，以点带面，完成对军用无人机一般发展历程的了解和学习。

无人机的诞生可以追溯到 1914 年，当时第一次世界大战爆发，英国的卡德尔和皮切尔两位将军，向英国军事航空学会提出了无人驾驶飞机的构想并得到认可开始进行研制。第二次世界大战，美国陆军航空队大量使用无人靶机，并在太平洋战场上使用过携带重型炸弹的活塞式发动机无人机对日军目标进行轰炸。第二次世界大战结束后，随着航空技术的飞速发展，无人机家族也逐渐步入其鼎盛时期。时至今日，世界上研制生产的各类无人机已达近百种，随着计算机技术、自动驾驶技术和遥控遥测技术在无人机中的应用，无人机在军事方面的应用越来越广泛，伴随着对无人机战术研究的深入，无人机已经成为现代战争的重要力量。

军用无人机具有无人员伤亡、使用限制少、隐蔽性好、造价低廉和性能机动灵活等特点，主要用于战场侦察、电子干扰、携带炸弹导弹等武器执行攻击性任务，以及用于空中通信中继平台、核试验取样机、后勤物资运输保障等。

2020 年 1 月 3 日凌晨，伊朗圣城部队司令官卡西姆·苏莱曼尼被美军刺杀。当时他正在指挥清除美军的行动，乘坐的越野车上发出频繁的通信信号，这让美军的电子设备锁定了位置，并派出无人机和人员抵近侦察，确定目标后，美军立即派无人机向目标发射了“地狱火”导弹，导弹击中目标，瞬时车毁人亡。执行任务的就是 MQ-9 无人机（见图 2-1-1），它是 20 世纪 90 年代至 21 世纪初期美国通用原子航空系统公司研制的美国现役最先进的中高空、长航时、察打一体型无人攻击机。

MQ-9 无人机介绍

图 2-1-1　MQ-9 无人机

2002 年，MQ-9 无人机正式开始研发，2004 年完成首次试飞，随后美国对该无人机进行了批量生产。2006 年，MQ-9 无人机正式进入美国空军服役，该无人机装备数量超过 200 架。MQ-9 是在其前序型号 MQ-1 捕食者无人机的基础上发展而来的。“M”是美国国防部多用途装备的代号，“Q”是指遥控飞机系统，“9”表示这是一系列遥控飞机系统中的序号。

MQ-9 无人机是美军实施智能遥控远程精确打击战术的利器，是一种极具杀伤力的新型遥控无人作战飞机，号称星空下的隐藏杀手。在目标散、小、乱的非对称作战中有显著的低成本优势，MQ-9 无人机造价仅为 2 000 万美元左右（约 1.3 亿元人民币），远低于有人驾驶的战机。MQ-9 无人机长时间的飞行稳定性、对地面部队的心理威慑力和快速精确打击能力十分突出。

MQ-9 无人机比传统的攻击机小，机长 11 m，翼展 20 m，质量仅为 2 222 kg，在 4 000 m 高处分辨率为 0.3 m，对目标定位精度 0.25 m。它可以携带 8 枚海尔法导弹、6 枚 GBU-38 激光制导攻击弹，或者装备 10 枚海尔法导弹和 2 枚 GBU-12 精确制导炸弹，其外挂上限达到了 1.4 t。吊舱内的光学设备极为丰富，除了高清白光摄像机外，还有高清热成像摄像机和激光测距照射机。其中，两款摄像机均配有可变倍率镜头，能够确保不管是白天还是黑夜，即使在 3 000 m 高空也能对地面的人员和车辆进行精确识别和打击。

每架 MQ-9 无人机配备 1 名飞行员和 1 名传感器操作员，他们可以在 1 850 km 以外的地面控制站内通过超视距链路实现对无人机的操纵，通常还会有 1 名指挥官，负责任务的规划。两名控制员面前有 12 台显示屏，飞行员一般坐在控制站座舱屏幕的左侧，关注着主屏幕和几个分屏幕上显示的信息，查看从无人机传回的图像，并观察各系统的工作状态，如图 2-1-2 所示。飞行员可通过操纵杆操纵无人机，也可以通过键盘进行操控。一些分屏幕上还可显示不同指挥控制单元发布的实时交流信息，飞行员也可以通过音频或文字与地面部队进行交流。传感器操作员的操作间与飞行员的操作间十分相似，但前者所连接的操作系统更多，包括照相机红外系统、雷达以及其他传感器系统。接到作战命令后，机组人员首先进行起飞前准备工作，检查机载武器、校准机载武器、校准激光系统和其他设备，确定一切就绪后即可请示启动飞往作战区域。当无人机执行空中巡逻作战任务时，一般会出动 4 架飞机，由 1 个地面控制站和 10 名机组人员配合操控。

图 2-1-2　MQ-9 地面控制站

在刺杀伊朗指挥官苏莱曼尼的行动中，虽然最后的击杀只是一瞬间的事，但实际上执行任务的 MQ-9 无人机早已在巴格达国际机场上空盘旋多时，千里之外的美军操作员一直在看着卫星回传的高清热成像画面确认目标到位情况。而在上级确定击杀，并下达命令后，操作员发出指令，无人机机头光电吊舱里激光照射机开机，一束不可见的激光束照射到了苏莱曼尼将军乘坐的车辆上。随后操作员按下发射按钮，1 枚 AGM-114 地狱火导弹从 3 000 m 高空直奔目标而去，数秒钟后，地面传来一声爆炸，车毁人亡。

MQ-9 无人机实施攻击时，在巴格达国际机场附近，美军配置了 1 架手动的 MQ-1 无人机，在现场外围待命的还有 1 架美国陆军 AH-64D 长弓阿帕奇攻击直升机。如果

MQ-9 攻击失手，或者车队被攻击后还有幸存者，则攻击直升机会利用机载的各种武器进行“补枪”。所以，即便苏莱曼尼当时能够躲过 MQ-9 无人机的导弹攻击，也很难在 AH-64D 长弓阿帕奇攻击直升机的枪林弹雨中幸免于难。因此，对无人攻击必要的补充是确保万无一失的战术备份。同时，在苏莱曼尼一行的车队遭到美国无人机空袭时，美军驻伊拉克特种部队一直在地面保持严密监控，当导弹击中目标发生剧烈爆炸之后，美特种兵甚至在 2 min 内就赶到现场进行打击效果评估。

MQ-9 无人机具有对高价值、稍纵即逝和时间敏感目标进行打击、协调和侦察的独特能力，还可以执行情报、监视、侦察、近距离空中支援、战斗搜索和救援、精确打击、雷达激光、护航/突袭监视、航路清除、目标发展和终端空中制导等任务。

MQ-9 无人机具有较强的电子干扰和红外探测能力，在无人机被敌方防空导弹雷达锁定之后，无人机将会自动启动电子干扰系统对防空导弹的引导头进行干扰，使其失去目标。而红外探测系统可以使得 MQ-9 无人机更好地适应各种天气，可以有效地观察地面目标进行侦察或者打击行动。图 2-1-3 所示为 MQ-9 无人机内部结构。

图 2-1-3　MQ-9 无人机内部结构

MQ-9 无人机也存在不足之处，在中东地区因自身事故或被敌方击落的情况也时有发生。该类型无人机存在的技术使用问题主要包括以下几个方面：

（1）自身特性决定防护能力有限。结构设计紧凑，载荷能力有限，没有完备的雷达预警等手段；飞行速度偏低，不具备机动逃脱能力；工作高度偏低，特别是在发射导弹时通常需要降低高度以兼顾导弹的射程，使得其暴露在大部分地面防空武器的射程之内。这些都决定了该型无人机仅能在低烈度敌方无完备防空体系的地区使用。

（2）作为高技术装备带来的人员培训、维修保障等压力。每架 MQ-9 无人机需配备 1 名飞行员和 1 名传感器操作员，且对人员素质要求相对较高。现在的 MQ-9 无人机飞行员大多来自退役有人飞机的飞行员，而传感器操作员来自 MQ-1“捕食者”部队，存在作战经验不足的问题。同时 MQ-9 无人机的作战需要坚实的维修保障团队，而现行的零配件不足、维修工具不匹配、经验不足也是影响其作战效能的重要方面。

MQ-1“捕食者”无人机，是美国通用公司所研发及制造的 1 款中海拔长时程遥控无人机（见图 2-1-4）。它可以扮演侦察角色，可发射两枚 AGM-114 地狱火导弹。从 1995 年服役以来，该型飞机参加过多次战斗。

图 2-1-4　MQ-1 型无人机

MQ-1 无人机

“捕食者”最开始的型号不是 MQ-1，而是 RQ-1，一字之差，反映了美国空军最初对它的设计定位——战场侦察。1995 年，RQ-1 被投入北约干涉波黑战争的军事行动中。凭借优异的战场表现，RQ-1 从一个 1994 年才完成首飞的“概念验证机”迅速转正。科索沃战争中，RQ-1 已经成为战争舞台上不可获缺的角色，当人们被眼花缭乱的空袭战术和 F-117 战机的残骸所吸引时，RQ-1 默默无闻、源源不断地提供了大量战场情报，不仅为持久的空袭行动提供了及时准确的目标指引，也为地面部队绘制了全面精准的地理坐标。“9・11”事件后，RQ-1 随美军转战至中东。在丘陵遍布、沟壑纵横的阿富汗地区，RQ-1 依然表现优秀。2001 年 11 月，RQ-1B 发射 2 枚“地狱火”反坦克导弹，击毙了“基地”组织的三号人物，这是“捕食者”首次作为一个武器平台来使用。2002 年，配备 2 枚 AGM-114“地狱火”反坦克导弹或 FIM-92“毒刺”防空导弹的 RQ-1B，正式更名 MQ-1（M 表示多用途）。这意味着“捕食者”从侦察无人机向多用途无人机的转变，“察打一体”的概念最初便源于此。

MQ-1 的出现使无人机侦察取得的时间优势充分转化为火力优势，“发现即摧毁”这个美军多年来朝思暮想的作战理念终于走进现实。“捕食者”先后执行了包括摧毁伊拉克军队自行高炮阵地、卡扎菲军队多管火箭炮等多项打击任务，为美军立下了赫赫战功。2002 年 12 月 23 日，正在禁飞区执行侦察任务的“捕食者”与伊拉克空军的米格-25 战斗机狭路相逢。“捕食者”竟然率先发难，向对方发生了 1 枚“毒刺”防空导弹。这是空战史上首次具备实战意义的有人战机与无人机对决。

“捕食者”虽然比较凶悍，但也有不少短板。在公开的记录中，“捕食者”的“自杀”频次远高于“他杀”。据统计，自 1996 年在美国空军服役以来，至少有五十多架“捕食者”因各种故障原因发生坠毁，占服役总量的 1/6 ~ 1/7。虽然事故没有造成人员伤亡，但对于美军来说，损失却不小。“捕食者”不仅携带了大量情报数据，飞机的零部件也是不能外传的秘密。无人机坠毁，无形中增加了美军机密外泄的风险。所以，一旦发生坠毁事故又无法及时回收残骸，美军往往会选择出动战机彻底销毁无人机，防止机密信息落入敌手。

除了频繁的坠机事故，作为一款主要担负情报搜集的无人机，“捕食者”对战场监视的实时动态经常被截获。美军对这个令人头疼不已的问题非常重视，然而对“捕食者”进行通信加密的代价十分高昂，包括对通信系统的全面改造和几乎所有操控环节设备的加密改造。同时，加密还会引起信号延迟，这样难免要降低无人机最引以为傲的时敏目标打击能力，保密问题始终未能解决。

除了上述问题，“捕食者”还存在机身气动性能设计不够合理、动力系统落后、不具备全天候作战能力、不具备对抗防空系统能力等固有缺陷，影响了它在越来越激烈的空中战场中发挥作用。2018 年 3 月 9 日，MQ-1 无人机最后一次执行完任务降落在美国克里奇空军基地，从此正式退役。

任务 2　撰写纳卡冲突中无人机应用的论文

【任务描述】

除了射杀伊朗司令官的行动之外，无人机成为战争主角，发挥主导作用的还有 2020 年爆发的局部战争纳卡冲突。本任务聚焦刚刚过去的阿亚两国（阿塞拜疆和亚美尼亚）的战争，要求同学们撰写在纳卡冲突中无人机应用的论文，训练大家接触论文的写作形式，同时完成知识的梳理和总结。

【任务背景】

纳卡地区，全称纳戈尔诺-卡拉巴赫，位于南高加索，面积约 4 400 km^2。纳卡地区人口 18 万，其中 80%为亚美尼亚族人。历史上阿塞拜疆和亚美尼亚就纳卡归属问题存在争议。1988 年，纳卡要求并入亚美尼亚，导致阿塞拜疆和亚美尼亚为争夺纳卡爆发战争，亚美尼亚占领纳卡及其周围部分领土。1994 年，阿塞拜疆和亚美尼亚就全面停火达成协议，但两国一直因纳卡问题处于敌对状态，两国之间的武装冲突时有发生。近些年来，随着阿塞拜疆自身经济实力的上升，重新取得纳卡控制权的诉求越来越强烈，而亚美尼亚则希望保持现状。

2020 年 9 月 27 日，亚美尼亚和阿塞拜疆在纳卡地区爆发军事冲突。战争爆发以来，国际社会一直积极斡旋。俄罗斯、阿塞拜疆和亚美尼亚三方签署了一份关于停止纳卡敌对行动的联合声明，结束了持续 6 个星期的“纳卡冲突”，阿塞拜疆夺得纳卡地区大部分领土。

战斗第 1 天，双方均动用坦克装甲车辆、火箭炮和地雷等武器，多辆阿塞拜疆的坦克和步兵战车被击毁。在地面进攻受阻的情况下，阿塞拜疆出动无人机展开空中打击，击毁亚美尼亚多套防空系统。2020 年 9 月 28 日，亚美尼亚军队出动自杀无人机，对阿塞拜疆军队的坦克装甲车辆进行俯冲攻击，一度阻止其进攻。数辆阿塞拜疆军队的坦克和步兵战车被击伤，成为亚美尼亚军队的战利品。

在这场冲突中，双方都倚重无人机作战，主要原因是两国空军规模都非常小，且主力机型老旧，难以进行传统意义上的空战对抗。双方在战场上投放各型无人机，使这场冲突成为第一次大规模使用无人机的战争。

在本轮冲突中，阿塞拜疆军队使用的无人机表现最突出的是土耳其制造的旗手 TB-2 无人机（见图 2-1-5），该机为中型察打一体无人机，2014 年首飞，2015 年列装，曾在叙利亚、利比亚经受实战考验，表现不俗。TB-2 无人机巡航速度 130 km/h，实用升限 7 620 m，可装备 4 枚导弹，载荷能力 55 ~ 155 kg。

无人机在战争中的表现

图 2-1-5　TB-2 无人机

除了 TB-2 无人机，阿塞拜疆军队还装备了相当数量的以色列无人机/巡飞弹系统，其中以“哈罗普”巡飞弹最具代表性。以色列“哈罗普”巡飞弹是在“哈比”反辐射无人机基础上改进而成的，2009 年亮相，采用隐身设计，具备光电制导能力，可将战场实时影像传递给操作人员，以选择攻击目标，具备较高的攻击精度。

除“哈罗普”之外，阿塞拜疆军队还装备其他多种型号的以色列无人机，其拥有 2 架“苍鹭”、10 架“赫尔墨斯”、100 架“空中打击者”、50 架“哈罗普”，此外还获得了 Orbiter 1K 和 Orbiter 3K 两种自杀式无人机。阿塞拜疆军队还将部分老旧的安-2 轻型飞机改装成无人机，它们主要充当诱饵角色，配合其他无人机作战。

亚美尼亚使用无人机的力度和手段都不及阿塞拜疆，军队装备的无人机型号较少，主要是本国研制的小/微型无人机，如“起重机”系列侦察无人机，主要用于近距离侦察任务，在冲突中，多架该系列无人机被击落。另外，还有 X-55 侦察无人机，该无人机采用混合动力驱动，最大通信半径 85 km，不具备作战能力，主要引导炮兵进行攻击。在面对阿塞拜疆无人机的威胁时，亚美尼亚军队也缺乏足够的防空力量。亚美尼亚防空部队装备了大量防空武器，型号颇为庞杂，既有冷战时代的萨姆-2、萨姆-3 等老式防空导弹，也有较为先进的“山毛榉”“道尔”、S-300 等防空导弹系统，此外还装备了“针”式、“箭”式等便携式防空导弹，同时拥有 23 mm、57 mm、100 mm 口径的各项高射炮。在纳卡地区冲突前沿，亚美尼亚及其支持的纳卡防卫军主要依靠 9K33“黄蜂”近程防空导弹（北约代号萨姆-8）和 9K38“针”便携式防空导弹（北约代号萨姆-16）构成野战防空体系，亚美尼亚在纳卡地区也部署了 S-300 防空导弹系统。

根据阿塞拜疆国防部发布的公报，阿军的步兵和坦克部队在己方火炮、导弹、前线飞机和无人机的支援下，侦察并摧毁了前沿地带及纵深的亚美尼亚部队、军事设施和武器装备，并宣称已经击毁了 12 部“黄蜂”防空导弹。从阿塞拜疆发布的前线精确打击的视频中可以看出，部分视频的拍摄视角出现变化，目标由远及近，是从攻击者视角拍摄，可能是巡飞弹或自杀式无人机的攻击影像；其次，视频显示无人机打击的目标类型和攻击范围进一步扩大，部署在战线后方的亚军火箭炮、指挥所、运输车辆和行军纵队均受到无人机的精确攻击，阿军无人机的行动范围已经由前沿地带向纵深推进。

从阿塞拜疆方面公布的视频中看到，无人机作战运用是成功的，一方面利用无人机执行防区内抵近式情报监视侦察任务，为打击提供更加精确的目标位置，也为后方提供了清晰的毁伤效果图像，充分展示了无人机在战场监控和精确打击方面的战术价值。另一方面利用攻击无人机/巡飞弹实施精确打击，损毁高价值目标。从公开信息来看，冲突中无人机攻击的最主要目标为亚美尼亚方面的坦克和重型火炮，其次是火箭炮和防空导弹阵地，同时也对后方指挥机构和后勤设施给予一定的打击。最后，亚美尼亚军队装备长期得不到技术升级，作战效能已落后于时代，并且应对无人机攻击的能力较弱，这也是阿塞拜疆无人机运用成功的因素之一。如果亚军在冲突地区部署较为先进的防空武器并增强电子干扰能力，则无人机作战的难度将大幅增加。

从本质上看，纳卡冲突是两个中亚国家的军事对抗，其基本交战模式仍遵循传统的火力战，交战双方的信息化程度较低，虽然无人机的参与为这场战争增添了高科技色彩，但并不算高新技术条件下的智能战争。阿塞拜疆军队主要将无人机作为一种战场侦察和精确打击手段，但没有将其融入完整的作战体系中，无人机作战与地面进攻并没有协同起来。未来的无人机将通过人工智能技术实现真正的无人化，具备高度的自主行动。

【拓展知识】

1. 无人机在战争中的综合运用

无人机最早于 20 世纪 40 年代被用作防空兵训练用靶机，冷战时期无人机在侦察监控等领域崭露头角，越南战争、海湾战争、科索沃战争中逐渐被用于执行各类军事任务。进入 21 世纪后，各国竞相把人工智能技术应用到无人机研发上，多用途无人机频繁出现在全世界范围的局部冲突中，成为战争双方可靠的对战装备系统。

2. 情报侦察

现代化战争中，地面军队和重要目标通常建立密集的对空火力防护，给有人驾驶航空侦察器带来了极大威胁，而高空侦察卫星由于时间和空间的限制，不能进行有效和实时地监测。无人侦察机可以发挥“前哨侦察兵”的作用，加装电磁干扰和电子侦察设备的无人机可直接飞至地面目标空域对敌实施电子监测、电子干扰和压制，且因为无人机体积小、隐蔽性好，一旦使用了隐身技术极难被发现，被侦察的一方实施电子反侦察的难度较大。多架加装电子载荷的无人机同时实施电子侦察和干扰，其效益将远超在地面部署的电子侦察设备和侦察部队，它可以较小的损失进至敌前沿阵地和后方防御纵深，甚至抵近敌指挥机构，将敌兵器、火力部署和防御工事情况回传至联合指挥中心，为指挥员分析判断情况、定下作战决心提供可靠依据。无人机较长的续航时间和滞空性能使得其可在敌上空实时不间断监控，确保指挥员第一时间了解敌情动态。美国的“全球鹰”无人侦察机最大续航时间长达 40 h，侦察覆盖面积可达 13.7 万平方千米。

3. 实施打击

虽然大部分无人机载弹量和续航里程都比较小，但是对付地面目标特别是步兵和装甲部队时，能够进行实时打击，实现“察打结合”，可以减少人员伤亡并提高部队攻击能力。2020年阿塞拜疆和亚美尼亚战争中，虽然阿方无人机被对手击落数十架，但由于其价格低廉，损失要小得多。尤其是具备隐身效能的无人机，能够轻松地突破防空火力网，发射空对地导弹摧毁对方重要目标甚至指挥控制系统，即使发动自杀式攻击，也能取得不错的战果。与有人驾驶飞行器比较，无人机尽管有着不少战略技术性能上的局限性，但在执行高危险性任务时，特别是摧毁敌重要防护目标时，是其他武器系统无法替代的不二之选。

4. 信息对抗

由于具有特有的优势，在战场上无人机可以在恶劣环境下随时起飞，针对激光制导、微波通信、指挥网络、复杂电磁环境等光电信息实施对抗，有效阻断敌方装备的攻击、指挥和侦察能力，提高己方信息作战效率。电子对抗无人机对指挥通信系统、地面雷达和各种电子设备实施侦察与干扰，支援各种攻击机和轰炸机作战。诱饵无人机携带雷达回波增强器或红外模拟器，模拟空中目标，欺骗敌方雷达和导弹，诱使敌方雷达等电子侦察设备开机，引诱敌防空兵器射击，掩护己方机群突防。无人机还可以通过抛撒宣传品、对敌方战场喊话等手段实施心理战。

5. 通信中继

信息化战争中，通信系统是战场指挥控制的生命线，也是敌对双方攻击的重点。无人机通信网络可以建立强大的冗余备份通信链路，提高生存能力，遭到攻击后，替补通信网络能够快速恢复，在网络中心站中发挥不可替代的作用。高空长航时无人机扩展了通信距离，利用卫星提供备选链路，直接与陆基终端链接，降低实体攻击和噪声干扰的威胁。作战通信无人机采用多种数据传输系统，各作战单元之间采用视距内模拟数据传输系统，与卫星之间采用超视距通信中继系统，可高速实时传输图像、数据等信息。

6. 提供可靠后装保障

无人机以其快速度、精准定位、高适应性和零伤亡等优势，可以在战争中为前沿部队提供持续的后装保障。美军在阿富汗战场就曾使用卡曼无人直升机为地面部队补充物资。我军在高海拔地区也尝试使用多旋翼无人机为驻守哨所的边防部队提供补给。后装保障无疑是现代战争中决定胜负的重要因素，我国有着高山海岛、高原高寒、荒漠丛林等复杂的地理环境，发挥无人机实施联合保障优势才能满足后装保障的需要。

7. 无人机未来作战趋势

作战能力更具智能化。通过融入人工智能技术，无人机不仅能够按照命令和预定路线巡航，对已知目标做出反应、主动规避航线内障碍，还能对随机出现的突发事件做出有效处置。作战无人机具有强大的智能和模式识别功能，可实现自主起飞、巡航、目标识别和打击、返航等功能，执行任务时可自行对敌目标实施搜索和有效监控打击，遇有信号中断等特殊情况时可独立执行预定任务并按原路线自行返航。2016年美国人工智能“阿尔法”狗，在模拟空战中操控三代机击败了四代有人机。

（1）材质和动力有新突破

未来可能会出现超高速无人机。超高速无人机一般是指巡航速度大于 5 马赫（1 700 m/s）的无人机，这种无人机需要通过火箭发动机、航空发动机和超燃冲压发动机组合实现超高速飞行。超长航时无人机一般是指续航时间在 48 h 以上的无人机，它的动力能源问题将通过太阳能、燃料电池、氢发动机和核动力来解决长航时问题。

（2）任务用途趋于模块化

机载设备采用模块化设计后，无人机根据不同的任务搭载不同的设备，一机多用途。同一种无人机平台可根据战场需要搭载不同类型的侦察监视设备、电子战装置或战斗部，即可在短时间内被改装成侦察、电子战甚至自杀性攻击无人机。

（3）隐身化

现代战争中，无人侦察机是否具有隐身功能就显得格外重要。隐身无人机是现代隐身技术与无人机技术结合的成果，在未来的空战中，它们将会与各种防空武器展开巅峰对决。新型军用无人机采用的隐身技术包括以下几种：一是采用具有隐身效果的外形；二是在重要部位采用具有隐身效果的隐身结构；三是在重要部位的表面涂敷可吸收雷达波的隐身涂料；四是减少表面外露的突出物（如天线等）；五是抑制和控制无人机自身发射的无线电信号。

（4）与有人飞机协同作战

空中机动作战，无人机作为先遣机飞到高危战场前沿完成侦察、打击等任务，协助有人作战平台避开甚至摧毁敌防空火力威胁，大幅提升有人作战平台的战场生存能力，从而为空中机动作战意图的达成提供一种低风险、远射程、多任务、高效能的作战样式。

（5）蜂群式饱和攻击

无人机“蜂群战术”必然成为未来无人作战发展的一个重要方向。“蜂群战术”顾名思义，就是像蜜蜂那样成群结队地攻击敌人目标，这样的攻击具有快速、机动和密集等特点。无人机群将大量无人机系统基于开放式体系架构进行综合集成，以通信网络信息为中心，以系统的群智涌现能力为核心，以平台间的自主协同交叉能力为基础，以单平台的节点作战能力为支撑，构建具有抗毁性、低成本、功能分布化等优势和智能化特征的作战体系。

（6）微型无人机新趋势

微型无人机具有质量轻、体积小、造价低、隐蔽性好、操作简便、机动灵活等特点，能够监视卫星和普通侦察机探测不到的死角，适合城市、丛林、山地等复杂环境下的特种部队和小分队作战，潜在的作用包括空中监视、生化战剂探测、目标辨识、通信中继，甚至侦测大型建筑物和设施的内部情况。

无人对抗作战是智能化战争的高级阶段，以无人机对抗无人机的新型作战样式或将进一步改变现有军事格局，未来的空中战场将呈现出“人在后方决策主导、无人武器在前沿对抗”的全新作战场景。随着各种颠覆性技术在军事领域的广泛应用，空天领域的“无人交锋”将愈发激烈复杂。

任务 3　无人机地面站

【任务描述】

本次任务安排课后拓展内容，同学们可以在课后进行阅读扩宽视野。

【任务背景】

无人机地面站是无人机系统的重要组成部分，可以在无人机系统的指挥控制功能中发挥重要作用。地面站系统硬件部分包含地面站计算机、通信数据链路和辅助操控设备等，配合相应的软件系统，从而实现对无人机的远程控制和操作。无人机执行任务的能力，不仅取决于无人机设备本身的性能，还取决于地面人员利用地面站软件对无人机进行的遥控和指挥。

目前，一个典型的地面站由一个或多个操作控制分站组成，主要实现对飞行器的控制、任务控制、载荷操作、载荷数据分析和系统维护等。

系统控制站在线监视系统的具体参数，包括飞行期间飞行器的健康状况、显示飞行数据和告警信息。

飞行器操作控制站提供良好的人机界面来控制无人机飞行，其组成包括命令控制台、飞行参数显示、无人机轨道显示和一个可选的载荷视频显示。

任务载荷控制站用于控制无人机所携带的传感器，它由一个或几个视频监视仪和视频记录仪组成。

数据分发系统用于分析和解释从无人机获得的图像。

数据链路地面终端包括发送上行链路信号的天线和发射机，捕获下行链路信号的天线和接收机。

中央处理单元包括一台或多台计算机，其主要功能包括：获得并处理从无人机来的实时数据；显示处理结果；确认任务规划并上传给无人机；电子地图处理；数据分发；飞行前分析；系统诊断。

一般来说，军用无人机普遍采用“高标准无线数据链”的通信方式，使得无人机可以接收地面操作人员的指令和数据，称之为“上行”；而无人机又可以将任务设备采集的信息传递给地面控制中心，称之为“下行”。为了在无人机和控制中心之间增强通信信号，无人机都会搭载定向天线，地面站也会配置定向天线，这样天地之间就可以形成比较好的数据传输质量。但是，受地球曲率的影响，通常两者之间的直线作用距离控制在 100 km 左右。

任务 4　其他无人机机型介绍

【任务描述】

前面重点介绍了 MQ-9 型无人机，全球范围内，还有其他知名的无人机型号。

【任务背景】

1.“苍鹭”无人机

“苍鹭”无人机又称“艾坦”无人机，是一款产自以色列的无人机，它在科技方面，选用先进的隐形技术和设备进行生产，能够长时间进行空中飞行，载弹量非常强大，是以色列军用无人机的代表，影响着世界无人机的发展，如图 2-1-6 所示。

图 2-1-6 “苍鹭”无人机

“苍鹭”系列大型高空长航时无人侦察机分为“苍鹭”“苍鹭 TP”“超级苍鹭”和“苍鹭 MK2”四个系列。“苍鹭”系列大型高空长航时无人侦察机配备有 2 套相互独立的自动起降系统，动力装置采用 1 台四冲程活塞发动机，功率为 74.6 kW，采用轮式起飞和着陆方式。“苍鹭”系列大型高空长航时无人侦察机采用平直上单翼、短机身、双尾撑、双垂尾的常规布局，螺旋桨推进器位于机体后侧，机体下部中央设计有较大的天线罩，内置雷达和数据链天线。该机有效载荷包括电视、红外和激光传感器、合成孔径雷达、海上监视雷达、电子情报系统、通信情报系统、电子支援系统和 M-19D 多传感器系统。“苍鹭”系列大型高空长航时无人侦察机上的大型监视雷达，可同时跟踪 32 个目标，在其机鼻下有 1 个整流罩，里面装有传感器，可在日间或夜间对移动目标进行高清晰地跟踪。高空飞行时，“苍鹭”系列大型高空长航时无人侦察机可负责在打击前提供有关目标信息，窃听对方电子通信，并在袭击后传回战斗损毁评估信息。

“苍鹭”系列大型高空长航时无人侦察机具有预编程模式和远程手动实时操控模式，在与地面站失去通信的情况下可以自主返回基地。“苍鹭”主要用于目标定位、侦察监视、电子干扰、中继制导和通信中继等任务。“苍鹭 TP”具有更强的目标定位和侦察监视能力，还能进行电子情报搜集和远程战略打击，配有“蓝鸟”弹道导弹探测传感器。“苍鹭”曾在以色列国防军打击黎巴嫩真主党武装的作战行动中投入实战使用。2009 年，以军的“苍鹭”深入苏丹境内，摧毁了一支“哈马斯”武装的秘密车队。当前，以军希望用“苍鹭 TP”全天候监视苏伊士运河至波斯湾的广大区域。

2.“复仇者-ER”无人机

美国“复仇者-ER”无人机，其翼展 23 m，最大起飞重量近 10 t，最大载弹量 3.6 t，最大飞行高度 15 000 m，最大飞行速度 740 km/h，最大航程 1.3 万千米以上，如图 2-1-7 所示。“复仇者”无人机采用隐身设计，装备喷气式发动机，加大了载弹量，可以携带 1.6 t 弹药飞行 1.3 万千米，如果外挂，总载重 3.6 t，巡航高度 1 万米，留空时间可达 20 h，可谓是美国 MQ-9 型的全面升级版。“复仇者”无人机称作“无人机 3.0”是因为在影响作战性能的关键设计上有了质的飞跃，使其在作战能力上更接近现役有人驾驶战机。

从世界范围来看，无论是情报侦察能力，还是火力打击能力，抑或是战场生存能力和机动突防能力，“复仇者-ER”无人机都是无人机中的佼佼者，未来它将承担更加多样的任务。

图 2-1-7 “复仇者”无人机

3. RQ-4“全球鹰”无人机

诺斯罗普·格鲁曼公司的 RQ-4“全球鹰”无人机是美国空军乃至全世界最先进的无人机。“全球鹰”机身长 13.5 m，高 4.62 m，翼展 35.4 m，最大起飞重量 11 622 kg。翼展和波音 747 相近，是一种巨大的无人机，如图 2-1-8 所示。

图 2-1-8 “全球鹰”无人机

“全球鹰”无人机机载燃料超过 7 t，最大航程可达 25 945 km，自主飞行时间长达 41 h，可以完成跨洲际飞行，可在距发射区 5 556 km 的范围内活动，可在目标区上空 18 288 m 处停留 24 h。飞行控制系统采用 GPS 全球定位系统和惯性导航系统，可自动完成从起飞到着陆的整个飞行过程。“全球鹰”无人机可同时携带光电、红外传感系统和合成孔径雷达。合成孔径雷达获取的条幅式侦察照片可精确到 1 m，定点侦察照片可精确到 0.30 m。对以速度 20 ~ 200 km/h 行驶的地面移动目标，可精确到 7 km。一次任务飞行中，“全球鹰”无人机既可进行大范围雷达搜索，又可提供 7.4 万平方千米范围内的光电/红外图像，目标定位的圆误差概率最小可达 20 m。装有直径 1.2 m 天线的合成孔径雷达能穿透云雨等障碍，连续监视运动的目标。

“全球鹰”无人机更先进的优点是，它能与现有的联合部署智能支援系统和全球指挥控制系统连接，图像能直接而实时地传给指挥官使用，用于指示目标、预警、快速攻击与再攻击及战斗评估。

“全球鹰”无人机也有不少缺点，其飞行速度只有 644 km/h，难以逃脱高速战斗机的追击；“全球鹰”无人机有效载荷只有 900 kg，携带装备的能力非常有限。

4.“翔龙”无人机

“翔龙”无人机是由中国自主研究和设计的一种大型无人机。“翔龙”高空高速无人侦察机全机长 14.33 m，翼展 24.86 m，机高 5.413 m，正常起飞重量 6 800 kg，任务载荷 600 kg，巡航高度为 18 000 ~ 20 000 m，巡航速度大于 700 km/h；作战半径 2 000 ~ 2 500 km，续航时间最大 10 h，起飞滑跑距离 350 m，着陆滑跑距离 500 m。

“翔龙”无人机还大量采用复合材料，机翼设计采用菱形布局。该机携带的电子设备类似于“全球鹰”，有高清晰度数字照相机，包括单色高分辨率和彩色图像两种模式，可提供分辨率很高的静态侦察照片供阅读和判别；有高清晰度数字电视，能够提供动态的数字视频图像，方便实时监控；视频信号还有夜视能力，有独立的红外热成像通道，可以提供 8 ~ 12 μm 长波自然热辐射视频或者更先进的高清晰度凝视 3 ~ 5 μm 中波热成像，后者对机器动力的机动目标观察效果更好。“翔龙”无人机还可以加装雷达，能在恶劣气候下获得高清晰度的地面三维图像，具备在恶劣气候条件下的机动目标跟踪和监视能力，往往用于更高级别的侦察和监视任务，与光学侦察组件联合使用。“翔龙”无人机还可以装备几套相互平行的通信系统，多通道战术短波数字电台可用于直接与地面指挥所、地面信息共享单位的直接联系和信息播发，允许通过授权信息通道的下载权限下放到更低的作战单位，比如师、旅、团等。飞机上还有更高传输速度的定向通信装置，可以与地面接收站或者卫星进行点对点高速数据传输。

另外，“翔龙”无人机也可以通过更换模块化的机头电子任务舱段，执行数字通信中继任务，担负起一个很高的信号转发塔作用。用于类似于蜂窝移动通信时，一个无人机机站工作在 20 000 m 高度，可以为半径为 200 km 的数十万门以上的无线短波通信提供中继和数字交换。同时，还允许多架同样任务的无人机在天空中组网，实现战时临时架设的无线数字通信中继交换网络，这比以前用有人飞机来实现同样的目的费用要低廉得多，效能却要高出数十倍以上。除了通信中继，“翔龙”无人机还可以执行电子干扰任务，其任务载荷可允许使用两个吊舱，干扰源架设在高度 18 000 m 以上，不易遭受导弹的威胁。

“翔龙”无人机最大的特色在于它采取了罕见的连翼布局，这在中国飞机设计史上是一个大胆的突破。该机具有前翼、后翼两对机翼，并且前后翼相连形成一个菱形的框架。前翼翼根与前机身相连，向后掠并带翼梢小翼；后翼翼根与垂尾上端相连，向前掠并带下反角；后翼翼尖在前翼翼展 70%处与前翼呈 90°连在一起。与常规飞机相比，连翼飞机具有结构结实、抗坠毁能力强、抗颤振能力好、飞行阻力小、航程远等优点。

项目 2　无人机在测绘勘探巡检领域的应用

随着现代科技的进步与发展，许多带有危险性或者工作量巨大的野外工作，可以通过无人机来完成，应用现代科技产物已经成为一种趋势。例如无人机航拍技术，目前已广泛应用于测绘、勘探、训练、救援等各个领域。无人机作为一个载体，搭载先进设备，成为多个行业创新的平台。“无人机＋”与“互联网＋”类似，都可通过与传统行业跨界融合开辟发展新“蓝海”。本项目带领大家了解无人机在测绘、勘探、巡线、救援等领域的应用情况，学习了解常见的无人机机载测量设备及其原理等相关知识。

同时，鼓励大家积极收集相关案例，了解无人机在生产生活中的具体应用情况，加深对“无人机＋”的理解，发挥创新意识，积极探索无人机与传统行业结合的新发展模式。

任务 1　收集无人机倾斜摄影相机的应用场景案例

【任务描述】

本任务主要介绍倾斜摄影相机的技术原理，以及无人机搭载该技术的应用场景案例。倾斜摄影相机的技术原理部分建议由教师讲授，具体应用案例建议学生分组查找并以小组为单位进行汇报总结。同学们在查找案例时，要突出行业运用无人机前后的对比，以此凸显出无人机的优势。

【任务背景】

1. 倾斜摄影技术

倾斜摄影技术是国际测绘领域近些年发展起来的一项高新技术，它颠覆了以往正射影像只能从垂直角度拍摄的局限，通过在同一飞行平台上搭载多台传感器，同时从 1 个垂直、4 个倾斜 5 个不同的角度采集影像，获取到丰富的建筑面顶面及侧视的高分辨率纹理，通过先进的定位、融合、建模等技术，生成更符合人眼视觉的真实直观世界。

倾斜摄影系统分为三部分：一是相机，市面上主流的倾斜摄影硬件系统由 5 个镜头（1 个下视镜头、4 个倾斜镜头）构成，并加装全球导航卫星系统（GNSS）装置以获取影像的经纬度（POS）信息；二是相机搭载平台，可以搭载在无人机上或者小型飞机上；三是人员，即机组成员、专业航飞人员或者地面指挥人员。

2. 无人机航空摄影测量

无人机航空摄影测量，顾名思义，即通过对无人机的应用，结合无线电遥控设备或机载计算机远程控制飞行等系统及全自动化摄影测量、GPS（全球卫星定位系统）自动定位等先进技术，实现航测遥感数据的快速获取与同步处理，如图 2-2-1 所示。

图 2-2-1　无人机航空摄影测量

无人机航空摄影测量是传统航空摄影测量手段的有力补充，具有机动灵活、高效快速、精细准确、作业成本低、适用范围广、生产周期短等特点，在小区域和飞行困难地区高分辨率影像快速获取方面具有明显优势。

无人机航空摄影测量拥有快速航测反应能力、时效性和性价比突出、监控区域受限制小、地表数据快速获取、建模能力强等特点，这使得无人机应用越来越广泛，例如在国家重大工程建设、灾害应急与处理、国土监察、资源开发、新农村和小城镇建设，尤其在基础测绘、土地资源调查监测、土地利用动态监测、数字城市建设和应急救灾测绘数据获取等方面具有广阔前景。

3. 无人机倾斜摄影技术的原理

通过在同一飞行平台上搭载多台传感器，同时从垂直、倾斜等不同角度采集影像，获取地面物体更为完整准确的信息。垂直地面角度拍摄获取的影像称为正片（一组影像），镜头朝向与地面成一定夹角拍摄获取的影像称为斜片（四组影像）。多角度采集信息，配合控制点或影像 POS 信息，影像上每个点都会有三维坐标，基于影像数据可对任意点线面进行测量，获取厘米级的测量精度并自动生成三维地理信息模型，快速获取地理信息，对建筑物等地物高度直接量算。

影像中包含丰富的真实环境信息，可对影像信息的数据深度挖掘，具有高效率、低成本、数据精确、操作灵活、侧面信息可用等优点，可以最大限度地调节测绘内、外业的协同工作，解决了天气等外因造成的传统人工作业延误。传统二维数据已不能满足城市行业的日常工作需要。三维数据可视化已经开始慢慢代替二维数据，成为现今城市基础建设、规划的重要环节，是数字城市的重要表现手段。

4. 无人机倾斜摄影技术应用场景

1）地面测绘

在无人机普及之前，勘测部门经常使用飞机和直升机进行空中测量，通常可以更准确、更快地完成勘测任务，并且可以覆盖非常大的领土。传统的航空勘测使用与无人机勘测相同的技术，即安装相同的摄影机，但是捕获方法有所不同。而传统的航空测量存在坠机风险，可能伤害机组人员。同时，人工空中勘测费用比较昂贵，而且需要训练有素的机组人员，既要会驾驶飞机也要会捕获数据。

无人机航测可以解决上述问题，无人机质量轻、速度快，并且易于进入空中。无人机比有人驾驶飞机便宜，且不需要直升机或飞机飞行繁杂的许可程序，同时携带摄影测量设备，可以飞近地面，以更高的分辨率捕获数据。另外，无人机更安全，可以直达直升机或飞机无法进入的地方。

当然，无人机航测也存在劣势。比如不适合进行非常大的调查；由于无人机很轻，在大风条件下比较脆弱；续航能力也是一个主要的限制因素等。但随着技术的不断进步，无人机航测技术将会超越其他测量技术，应用将越来越广泛。

2）地质勘探

在地球物理探测中，无人机作为一种适用于复杂地形条件下，高效率、高精度采集空间位场数据的重要手段，提供了比直升机更为便捷的飞行平台，节省了勘探成本，解决了勘探人员的安全问题，并具备快速电磁探测的能力。

3）电力巡检

电力对促进经济的快速发展起到了至关重要的作用，未来输电线路更多的是建设在经济欠发达的地区和环境恶劣的地区。在复杂地形和恶劣的环境下，输电线路更容易产生故障，影响输电安全，这使得电力系统的安全运行面临巨大挑战。电力巡检的目的是确保输电线路的安全，及时、准确地查找输电线路故障的位置，并分析线路故障原因。传统电力巡检方法为人工巡检，工作人员通过相关的辅助设备检查输电线路和各种电力设备，发现输电线路故障，给予维修，确保输电线路安全。人工电力巡检需要投入大量的人力资源，巡检的效率比较低，同时在各种恶劣的环境下高危作业，其生命安全受到巨大威胁。导航技术和图像识别技术的快速发展使得无人机电力巡检备受关注，通过导航技术将无人机导航到特定的拍摄点，无人机搭载倾斜摄影相机对输电线路和电力设备进行拍摄。拍摄的影像信息、GPS 位置信息以及无人机飞行状态等信息通过无线传输方式传输到地面接收站。地面接收站将接收到的各种信息进行保存，同时通过获取的信息来进一步控制无人机的飞行和导航，实现对各种图像信息的处理，找出输电线路或电力设备存在的故障。无人机电力巡检可以在很大程度上提高电力巡检的效率，避免人为所造成的操作失误，同时也降低了电力巡检的成本。

4）城市规划

倾斜摄影模型在城市规划中的用途很多，主要有城市风貌展示、空间分析、违建查处、辅助规划审批、历史建筑保护、竣工核实等。

（1）城市风貌展示

初到一个新的城市，城市风貌是给人的第一印象。“数字城市”“智慧城市”“实景三维青岛建设”“实景三维中国建设”等国家大型项目，都提到了实景三维模型成果。实景三维模型可以 1∶1 还原真实城市场景，用于对外展示城市的风貌。

（2）空间分析

在对城市进行规划时，建筑物高度是控制城市形态的重要指标之一。通过对城市区域的高度和空间进行控制，可以更好地规划城市区域土地的用途。如某一区域要新建飞机场，用于飞机的起飞和降落，就要通过飞机起飞的角度和爬高来对周边建筑物的高度进行评估，确保飞机在起飞和降落的时候，视野空旷，不会和建筑物发生碰撞。

（3）可视域分析

可视域分析是根据给定的观察点和范围，通过观察点观察给定范围内的建筑物和物体是否可见。在三维模型展示软件里，可通过设置观察角度，上下观察范围和观察距离，分析范围内的物体可见度。

（4）天际线分析

天际线又称城市轮廓或全景，是由各种地形地貌和标志性地物等构成的以天空为背景的轮廓线。城市天际线是城市设计中的一个重要因素，高层建筑和超高层建筑已经成为影响城市天际线的决定性因素。从任意视角快速绘制天际线，根据天际线轮廓对规划建筑的位置和高度进行调整，使城市规划工作省时省力。

（5）日照分析

对于日照分析，考虑最多的是房地产开发商，他们在开发楼盘时，需要考虑这一点，毕竟人们在购房时，希望日照可以更加充分。从城市规划管理的角度来说，在某一区域新建楼盘，需要通过周围已有的楼盘来考虑当前新建楼盘的采光效果。可借助三维模型展示平台，将新建楼盘信息导入软件，通过日照分析功能模拟从早到晚该新楼的日照变化，有助于更好地规划和管理城区的楼盘。

（6）通视分析

在城市规划过程中，控制和塑造城市的视觉景观是规划设计中的一部分，视觉景观常常涉及通视分析。通视分析一般可分为两种：一是以任意一点为试点，通过该点查看可视的区域；二是计算两点之间的可视性。传统的方法，很难实现真正的通透分析，而基于实景三维模型，就很容易对通视进行分析。可通过多角度、全方位对一点的通视情况进行查看，有助于在规划中做出正确的抉择。

（7）淹没分析

实景三维模型具有精度高的特点，模型中地形高程和实际地形高程相差不大，可用三维模型中的地形模拟城市被水淹没的速度和面积。通过在三维平台里，设置水流量大小，动态模拟城市被水淹没的速度，有助于根据模拟效果，设置排水的管道位置和管道口径。

（8）违建查处

主要用于两方面：拆迁前数据获取和常规违建查处。在拆迁作业开始前，获得拆迁区域一手数据，作为拆迁预算款计算的依据和后期违建的凭据。常规违建主要是指改变房屋结构、新增建筑物、扩建构筑物等。对于城市来说，还存在建筑物顶部私自建设房屋的违建情况，利用传统的正射影像很难发现这类违建，但是通过实景三维模型，可以很容易地获取违建相关数据，如违章建筑的高程、结构、面积等，有助于发现和查处违章建筑。

（9）辅助规划审批

规划审批是城市规划管理中的一个重要环节，只有审批通过后，项目才可以执行。传统的规划都是通过二维平面进行规划的，有时候不能考虑与周边的协调性。在三维模型上进行规划审批，可以考虑到各个方面，这有助于规划质量的提高，便于规划审批决策者做出正确合理的规划，有助于城市高质量发展。

（10）历史建筑保护

历史建筑作为城市的见证，是城市文化重要的组成部分之一。然而由于城市的发展、外部不可抗力等因素，导致历史建筑逐渐消失。通过实景三维建模技术，可高精度真实地记录历史建筑，一旦现实中的历史建筑物被毁坏，可通过实景三维建模技术进行还原。倾斜摄影是从上往下进行拍摄影像，对于建筑物底部建模效果不甚理想，可结合近景摄影测量技术、贴近摄影测量技术和激光点云等技术，获取建筑物底部数据，然后与倾斜数据融合建模，获得质量更高、效果更好的实景三维模型。

（11）竣工核实

当代建筑物结构复杂，部件数量繁多，尤其是一些标志性建筑物，形态各异，很难对其进行竣工核实。传统的竣工核实，都是通过二维平面图和一些图件资料进行检查验收，这样满足不了当今的需求。实景三维模型可以360°无死角地还原建筑物结构，可用于建筑物的竣工核实验收。这样不但可以提升竣工核实的质量，而且效率更高，有助于及时发现问题，另一方面也可以起到督促作用，促进城市建筑物高质量发展。

5）抢险救援

地震、滑坡、泥石流、山体崩塌、洪涝等自然灾害的特点是突发性、难以预见的，对这类自然灾害的救援，需要及时、准确的灾情数据。传统的灾情数据收集方法是依靠人工勘测，需要大量的人员进行铺盖式地搜查，数据回传不及时且覆盖面小、数据不准确，尤其环境恶劣条件下容易造成救援人员的伤亡。利用无人机倾斜摄影技术可以在灾区迅速进行外业航飞，快速获得第一手影像数据并建立实景三维模型，及时给一线救灾指挥人员进行灾区灾情的可视化呈现，提供可靠的数据信息，避免人工搜查存在的效率低、不安全问题。

自然灾害中的滑坡、泥石流等大体积土石方位移，必须快速进行开挖、移除工程量的计算，为灾后重建提供基础数据。以往的人工测量模式耗费时间长、效率低，而利用倾斜摄影技术可以高效、准确地计算土石方工程量。

【任务评价标准】

无人机倾斜摄影技术的应用场景非常丰富，包括但不限于本书提到的一些领域，其他如石油运输、流域综合治理等都可以运用无人机，所以在小组同学查找应用案例时应拓展思路，尽可能多地拓展无人机的应用场景，同时，在具体案例上要合理安排内容，组织好语言，做好小组汇报。

任务2　收集无人机激光雷达的应用场景案例

【任务描述】

本任务带领大家学习合成孔径雷达的技术原理，以及无人机搭载该技术的应用场景案例。合成孔径雷达的技术原理部分建议由教师讲授，具体应用案例建议学生分组查找并以小组为单位进行汇报总结。同学们在查找案例时，要突出行业运用无人机前后的对比，以此凸显出无人机的优势。

【任务背景】

一、合成孔径雷达

合成孔径雷达（Synthetic Aperture Radar，SAR）又称为综合孔径雷达，是雷达的一种，即利用雷达与目标的相对运动把尺寸较小的真实天线孔径用数据处理方法合成一较大的等效天线孔径的雷达，是一种主动式的对地观测系统，如图 2-2-2 所示。合成孔径雷达分为聚焦型和非聚焦型两类，具有分辨率高、全天候工作、有效识别伪装和穿透掩盖物等特点，可安装在飞机、卫星、宇宙飞船等飞行平台上，全天时、全天候对地实施观测，并具有一定的地表穿透能力。

图 2-2-2　合成孔径雷达

SAR 遥感技术是从空间对地观测的一种有效手段，自 20 世纪 50 年代问世以来，由于比其他雷达具有优势，在国民经济和国防建设中得到了广泛应用。

（一）SAR 成像不依赖光照，具有全天候探测能力

由于 SAR 成像不依赖光照，而是靠自己发射的微波，能穿透云、雨、雪和烟雾，具有全天时、全天候成像能力，这是 SAR 遥感最突出的优势。例如，在 X 波段，波长为 3.2 cm 时，微波穿过 4 km 浓云后，其强度仅衰减 1 dB，对地面目标的观测基本没有影响。只有当波长小于 1 cm 时，其影响才较为显著。合成孔径雷达作为一种全天时、全天候的微波成像雷达，是从空间对地观测的一种有效手段，能够产生地面目标区域或地域的高分辨率地图，提供较光学影像信息量更丰富的雷达图像，在军事上可应用于全天候全球战略侦察、全天候海洋军事动态监视、战略导弹终端要点防御的目

标识别与拦截、战略导弹多弹头分导自动导引等。在天文学方面，已用 SAR 获得金星表面的雷达图像，由于它不受行星表面水汽云层的影响，在研究其他有大气存在的行星方面也可发挥重要作用。

（二）微波对地表有一定的穿透能力，可进行地下目标探测

当电磁波照射到非导电物体表面时，一部分被反射，另一部分进入物体内部。穿透的深度与波长和物质特性有关，波长越长穿透深度越大。例如，在 L 波段，波长为 24 cm 时，可穿透几十米深的干沙，并可穿透地面植被，有利于探测地面和地下目标。SAR 在军事上可应用于地下坑道平台开口的识别、战略地下军事设施的探测等；在矿藏资源探测方面，可进行矿藏资源的探测，具有探测范围广、准确程度高、探测周期短、探测成本低等优点；在水资源应用方面，可用于测定土壤湿度及其分布，估测大面积降雨量，研究湖泊冰覆盖、地面雪覆盖情况，评估水源污染，测定污染区域等。

（三）对金属目标及地表纹理特征有较强的探测能力

大部分军事目标都含有金属材料，因此，许多伪装的目标很容易被 SAR 发现。SAR 可用来成像监视大型坦克群、侦察敌方较前沿机场以及机场内飞机类型、探测反坦克雷达等。由于 SAR 发射的波束倾斜照射地面，地面的起伏在 SAR 图像上形成明显的明暗纹理。分析这些纹理特征，对陆地来说，可用来测绘大面积地形图，测定山脉、河流、城市、乡村、道路等地面目标的形状和位置，研究城市、道路、湖泊的分布和变迁，了解道路运输状况等；对海洋来说，可探测海浪、海面风场和水下地形，用来研究大面积海浪特性、海洋及冰山的分布、海洋变迁、海洋污染情况、海藻的生长等。另外，SAR 还可用于探测水下潜艇。

（四）具有多极化、可变侧视角及高分辨率等特点，可提高探测和识别能力

利用微波信号中的极化信息、相位信息和多普勒信息，可提高 SAR 的探测能力。微波回波信号中的极化信息可用于提高对目标的分类和识别能力，在灾情探测与防治方面，通过对不同时期 SAR 图像的分析能迅速把握受灾区域的具体情况，根据灾前、灾中、灾后数据的融合，可对灾情进行较为客观地评估，给抗灾决策提供直观、全面的依据；微波回波信号中的相位信息可用于提取目标的高程信息；微波回波信号中的多普勒信息可用于提取目标的运动参数，实现地面动目标检测。SAR 可完成在强杂波背景下的目标识别、低空与超低空目标的探测与跟踪、精密测向与测高、隐形目标散射特性的静态和动态测量等。

二、激光雷达

激光雷达（Laser Radar）是以发射激光束探测目标的位置、速度等特征量的雷达系统。其工作原理是向目标发射探测信号（激光束），引起散射，一部分光波会反射到激光雷达的接收器上，然后将接收到的从目标反射回来的信号（目标回波）与发射信号进行比较，根据激光测距原理计算，就得到从激光雷达到目标点的距离，脉冲激光不断地扫描目标物，就可以得到目标物上全部目标点的数据，获得目标的有关信息，

如目标距离、方位、高度、速度、姿态、形状等参数，用此数据进行成像处理后，就可得到精确的三维立体图像，从而对飞机、导弹等目标进行探测、跟踪和识别。激光雷达由激光发射机、光学接收机、转台和信息处理系统等组成，激光器将电脉冲变成光脉冲发射出去，光接收机再把从目标反射回来的光脉冲还原成电脉冲，送到显示器。

1. 激光雷达的优点

与普通微波雷达相比，激光雷达由于使用的是激光束，工作频率较微波高了许多，因此带来了很多优点，主要有：

（1）分辨率高

激光雷达可以获得极高的角度、距离和速度分辨率。通常角分辨率不低于 0.1 mard，也就是说可以分辨 3 km 距离上相距 0.3 m 的两个目标（这是微波雷达达不到的），并可同时跟踪多个目标；距离分辨率可达 0.1 m；速度分辨率能达到 10 m/s 以内。距离和速度分辨率高，意味着可以利用距离-多普勒成像技术来获得目标的清晰图像。分辨率高，是激光雷达最显著的优点，其多数应用都是基于此。

（2）隐蔽性好、抗有源干扰能力强

激光直线传播、方向性好、光束非常窄，只有在其传播路径上才能接收到，因此敌方截获非常困难，且激光雷达的发射系统（发射望远镜）口径很小，可接收区域窄，有意发射的激光干扰信号进入接收机的概率极低；另外，与微波雷达易受自然界广泛存在的电磁波影响的情况不同，自然界中能对激光雷达起干扰作用的信号源不多，因此激光雷达抗有源干扰的能力很强，适用于工作在日益复杂和激烈的信息战环境中。

（3）低空探测性能好

微波雷达由于存在各种地物回波的影响，低空存在有一定区域的盲区（无法探测的区域）。而对于激光雷达来说，只有被照射的目标才会产生反射，完全不存在地物回波的影响，因此可以“零高度”工作，低空探测性能较微波雷达强了许多。

（4）体积小、质量轻

通常普通微波雷达的体积庞大，整套系统质量数以吨计，光天线口径就达几米甚至几十米。而激光雷达就要轻便、灵巧得多，发射望远镜的口径一般只有厘米级，整套系统的质量最小的只有几十千克，架设、拆收都很简便。而且激光雷达的结构相对简单，维修方便，操纵容易，价格也较低。

2. 激光雷达的缺点

首先，工作时受天气和大气影响大。激光一般在晴朗的天气里衰减较小，传播距离较远。而在大雨、浓烟、浓雾等坏天气里，衰减急剧加大，传播距离大受影响。如工作波长为 10.6 μm 的 CO_2 激光，是所有激光中大气传输性能较好的，在坏天气的衰减是晴天的 6 倍。地面或低空使用的 CO_2 激光雷达的作用距离，晴天为 10 ~ 20 km，而坏天气则降至 1 km 以内。而且，大气环流还会使激光光束发生畸变、抖动，直接影响激光雷达的测量精度。

其次，由于激光雷达的波束极窄，在空间搜索目标非常困难，直接影响对非合作目标的截获概率和探测效率，只能在较小的范围内搜索、捕获目标，因而激光雷达较少单独直接应用于战场进行目标探测和搜索。

三、无人机避障能力

避障能力是无人机智能化的重要表现之一，完善的自主避障系统将在很大程度上减少无人机损坏、伤及人身和建筑物的事故发生率，而激光雷达，则能让无人机拥有避障的能力。

借助激光雷达，无人机的避障分为以下几个阶段：

（1）监测障碍物

激光雷达通过不断地旋转，发射激光出去，接收返回的激光，算出障碍物距离当前的距离，感知到障碍物的存在。

（2）绕过障碍物

通过激光雷达建立的高精度地图信息，无人机能够感知障碍物具体所在的位置，然后自主绕开障碍物。

（3）导航阶段

借助算法的力量，能够实现导航功能。

四、无人机搭载合成孔径雷达、激光雷达的应用场景

1. 海洋环境监测

合成孔径雷达（SAR）自诞生以来，凭借其实时、大范围、多频次、全天时、全天候监测等特点，已经被广泛应用于探测海浪、海流、海冰、风场、溢油污染、海岸变迁及船舶检测，在海事安全管理和海洋科学研究领域发挥了重要作用，成为海洋监测中不可替代的监测方式。

溢油监测：通过 SAR 图像上油与水的后向散射系数差异，可以识别海面溢油污染、估算污染范围、监测污染扩散。

船只检测：在一定海面风速和海况条件下，SAR 图像能较容易地获取海面船只的位置、大小、航行方向和速度等信息，可以用于海洋军事、航道监测和遇难船只救助等方面。

海冰监测：SAR 的多极化、多视角、穿透性强等特点，使其在海冰动态监测和分类中得到了广泛的应用，可服务于船舶航行安全和海洋气候研究。

海浪与内波探测：利用 SAR 图像可以直接导出波长、波向、波的折射和绕射、内波等海浪信息，可应用于海浪预报、海洋工程和物理海洋学。

2. 山区高速公路勘测

近年来，机载激光雷达技术在高速公路勘测设计上应用越来越多，用大飞机、直升机勘测虽然在精度和效率上有了很大提升，但也存在许多不足，例如飞行成本高，起飞场地要求较高，航空的空域协调较难，飞机和设备的准备周期时间较长等，特别是山区高速公路路线设计复杂多变，大飞机不够机动灵活，不适宜山区带状地形测量。而无人机与激光雷达技术相结合，给测绘手段和效率带来了进一步的提升。

常用的搭载激光雷达设备的无人机一般采用垂直起降方式，主要有固定翼无人机和多旋翼无人机两种常见的机型。固定翼无人机体积大、载重大、续航时间长、抗风能力强，适合大面积测图；多旋翼无人机体积小、成本低、可靠性高、方便灵活、飞

行高度低，适合小面积测图。两者都可以同时搭载激光雷达和数码相机设备，能够进行激光点云和影像数据的获取，满足公路勘测规划初步设计、施工图设计数据的需求。

无人机搭载激光雷达在公路勘测设计中的应用主要有以下几个流程：前期准备、外业航飞、点云数据处理以及基于点云数据集影像的数据产品制作。

（1）前期准备

在项目开展外业航飞之前，需要进行一些准备工作。首先收集公路设计测区相关资料，并进行空域申请。在飞行作业前，要先进行详细的飞行计划安排，包括飞行的航线、航带间的重叠度、飞行高度、飞行速度等，并准备相关硬件设备，包括无人机、机载激光雷达设备、相机设备以及地面基站等。

（2）外业航飞

空域申请完成后，就可进入测区现场，在合适的条件下进行外业航飞。在飞机起飞作业之前，需要架设地面基站，用于数据后期的差分解算。地面基站布设的距离不要超过 30 km，并且基站必须在激光雷达系统启动 30 min 前开始采集数据，在航飞结束后继续采集 30 min 数据。起飞前需要对飞行各项参数进行检查，以保证按照计划进行飞行。一切准备完成后，按预定的航线进行航飞。

飞行完成后需要检查数据质量及完整性。数据质量检查包括点云数据的密度是否达到要求、航带间数据匹配性、原始影像质量、航带重叠度等。数据完整性包括激光点云及影像数据是否覆盖所需全部范围、影像数据是否丢失等。如果未满足要求，需要进行重飞或补飞。

（3）点云数据处理

无人机搭载激光雷达获取的原始点云数据先进行预处理，即对数据的解算。机载激光雷达设备航飞完成后得到的原始数据中包含激光雷达 GPS 数据与惯导（IMU）数据，将 GPS 数据与地面基站数据进行差分处理，利用差分成果与惯导（IMU）数据进行联合解算，最终得到带有位置信息的点云数据。预处理后得到的点云数据坐标系统为 WGS-84 坐标系统 UTM 投影（通用横轴墨卡托投影），高程为椭球高，需要对其进行坐标转换，一般采用七参数坐标转换方法，使用不同坐标系下相同控制点进行七参数计算，得到参数信息导入软件完成点云数据的坐标转换。然后对点云数据按照范围进行分块，通过滤波算法将点云数据去除噪点并批量粗分类，粗分类完成后人工对点云数据进行地面点细分类，最后完成点云的细分类处理。最后基于分类好的激光点云数据进一步生产高速公路设计所需要的数字产品，如数字地面模型、正射影像图、数字线划图等。

【任务评价标准】

本任务以倾斜摄影技术、合成孔径雷达、激光雷达的基本知识为主，同时安排同学们自行查找这三项技术结合无人机在国民生产生活中的应用案例，应尽可能广泛地查找其应用场景，进行小组汇报等活动。任务评价标准以课堂学习情况和小组汇报等情况进行综合评定。

项目 3　用无人机实现城市三维实景建模、物流与运输

前面项目讲述了无人机在野外的作业情况，本项目则探讨无人机在城市人口密集区的应用场景。

任务 1　用无人机实现城市三维实景建模

【任务描述】

近年来，卫星影像、倾斜摄影、激光雷达和移动测量等“空天地”立体数据采集技术，以及 5G、云计算、物联网、人工智能等新兴技术的快速发展，为现实世界的实景三维表达和展示提供了条件。

【任务背景】

1. 实景三维概念

实景三维（3D Real Scene）是对人类生产、生活和生态空间进行真实、立体、时序化反映和表达的数字虚拟空间，是新型基础测绘标准化产品，是国家新型基础设施建设的重要组成部分，为经济社会发展和各部门信息化提供统一的空间基底，如图 2-3-1 所示。实景三维将取代传统 4D 产品，成为新型基础测绘的标准化成果。未来新型基础测绘的技术发展和应用将全面围绕实景三维来展开，已逐渐成为行业共识。实景三维产业已具备充分的技术条件，且市场需求强烈，符合技术发展整体趋势。

图 2-3-1　城市实景三维示意图

2. 实景三维的分类

实景三维通过在三维地理场景上承载结构化、语义化、支持人机兼容理解和物联

实时感知的地理实体进行构建。实景三维按照表达内容通常分为地形级、城市级和部件级。

地形级实景三维场景主要在高空视角展现山川河流等地形地貌以及城市、村镇的分布与形态，是省、市级大区域实景三维建设的主要模式。

相较于地形级三维来说，城市级三维建设要求的精度更高、展示内容更丰富、总体工作量也更大。此外，有赖于智慧城市建设的不断加速，社会对城市级三维的需求和重视也将远大于地形级三维。

城区的人口密集，地面建筑物和车辆集中，万一出现危险情况，造成的人身财产损失将是不可预计的。纯电动无人机因其安全性、可靠性优势，更适用于城区环境，此外，低噪声、免保养的特性，也决定了它在城区作业使用的便利性。

城市级实景三维项目对无人机在稳定性上有着更高的要求。城区林立密集的超高层建筑物，改变了地表状况，所以对该地及周围地区、低空飞行范围的风场结构产生了强烈的影响，同时城市还是各种电磁干扰的聚集地。如果无人机无法克服这些问题，外业数据采集将难以为继。

3. 实景三维的组成

实景三维中国由空间数据体、物联感知数据和支撑环境三部分构成。

空间数据体包括地理场景和地理实体。地理场景包括数字高程模型（DEM）、数字表面模型（DSM）、数字正射影像（DOM）、真正射影像（TDOM）、倾斜摄影三维模型、激光点云等。地理实体包括基础地理实体、部件三维模型以及其他实体等。基础地理实体包括地物实体和地理单元，可通过二维、三维形式进行表达。部件三维模型包括建（构）筑物结构部件、建筑室内部件、道路设施部件、地下空间部件等。其他实体包括其他行业部门生产的专业类实体。

物联感知数据包括自然资源实时感知数据、城市物联网感知数据、互联网在线抓取数据等。自然资源实时感知数据包括通过自然资源管理业务获得的实时视频、图形图像，以及自动化监测设备实时信息等。城市物联网感知数据包括城市监控视频，车载导航、移动基站、手机信令等实时视频及图像等。互联网在线抓取数据包括在线获取的地理位置、文本表格等。

支撑环境包括数据获取处理、建库管理和应用服务系统，以及支撑上述系统运行的软硬件基础设施等。获取处理系统指对空间数据体和物联感知数据进行获取、处理、融合的各系统。建库管理系统指对数据集成建库和数据库管理的各系统。应用服务系统是面向应用的服务系统。软硬件基础设施指自主可控的网络、安全、存储、计算显示设备，以及支撑软件等。

任务 2　用无人机进行物流与运输

【任务描述】

本任务介绍无人机在物流行业的应用情况以及未来无人机物流的发展趋势。

【任务背景】

1. 无人机物流配送的意义

随着社会生活节奏的加快，城市物流需求量越来越大，对配送要求越来越高，物流无人机这种低成本、高灵活的运输载具越来越受到人们的青睐；同时，当前正处于新冠病毒肆虐期间，减少不必要的外出和人际接触成为阻断疫情传播的重要方式，进一步促进了无人机物流配送的发展，无人机物流已经成为全球物流业发展的重大趋势之一。

谈起快递业的发展，末端配送一直是快递行业的心中之痛。末端配送成了派送效率提高的最大障碍，也是物流快递行业的成本瓶颈。数据显示，在中国，末端配送成本已经占到物流行业总成本的 30%以上，大量的社会资源消耗在末端配送。近期，乡村快递点萎缩的消息，不时见诸报端，有的县域，农民取快递不得不跑到县城，看来，快递末端配送任重而道远。正因如此，中外物流快递领军企业不约而同地把眼光盯上了无人机。

2. 无人机物流配送的兴起

2013 年 12 月，亚马逊最早开始测试无人机派送快件，在此方面投入了极大的精力和热情，如图 2-3-2 所示。目前主要是京东、顺丰和中国邮政从事无人机物流试运行，在点对点配送中，京东选择了小型多旋翼，顺丰采用了小型八旋翼，中国邮政采用了小型六旋翼，动力都采用电池，航程 10 ~ 20 km 不等；在支干线等长途飞行的机型选择上，三家物流运输企业都选择了使用大型固定翼无人机，动力采用航空燃油，续航流程在 100 km 以上。

图 2-3-2　无人机物流配送示意图

3. 无人机物流系统

物流无人机多集中在多旋翼无人机和垂直起降固定翼无人机两类上。垂直起降固定翼无人机结合了多旋翼无人机和固定翼无人机的优点，可以在旋翼模式和固定翼模式之间切换，相比传统多旋翼无人机，其续航能力和飞行速度都得到了较大提升。

“末端 + 支线”无人航空物流体系是快递物流行业发展动力源泉中强劲的一支。与传统陆路、航空货运及物流配送模式相比，支线无人航空货运与末端无人机物流配送相结合的模式具备较强的经济性和适应性优势。

支线无人运输机 200 ~ 500 km 的短途运输到达智能物流中转站点，再无缝衔接末端配送无人机设备至最终货主，货物自干线货机开始由整套无人航空物流系统独立地完成支线运输和投递工作。

目前，京东将推出 500 kg 的支线无人机和 800 kg 的支线无人机，正积极打造干线、支线、末端三级“无人机 + 通航”智慧物流体系。

顺丰推出了“无人机 + 基站 + 指挥调度中心 + 无人机接驳柜 + 车载平台”的无人机物流生态系统，从而加快了无人机商业化运营过程。

在顺丰集团的经营战略中，逐渐搭建起“大型有人运输机 + 支线大型无人机 + 末端小型无人机”三段式空运网。

顺丰的无人机接驳柜既是一个配套齐全的“无人机场”，又是一个应用于特定业务场景的快递柜，能够辅助无人机自动精准降落，完成包裹的自动装卸和电池的自动充电，还能够完成快递自助收寄、包裹自动检测和运单自动生成，如图 2-3-3 所示。

图 2-3-3　无人机物流接驳柜

无人机在物流配送中的应用

顺丰还正在尝试使用车载平台对接无人机，在道路交通较为便利的地方由车辆完成运输；如果遇到陆路交通受阻的区域，无人机便能发挥作用，翻越地面障碍物完成运输。

无人机配送已经构建起一个从点到线，从软件到硬件的多功能、全覆盖的无人机末端配送网络，而不是仅仅指末端配送。

通过技术的不断突破和应用场景的不断拓展，无人机将使物流配送的精准度和速度提升到极致，为消除物流盲区，实现边远地区、不同场景“有需要就能飞”的全覆盖打下基础。

由于当前我国无人物流配送相关技术尚未成熟，且在国家政策和应用场景存在部分限制，无人物流配送短期内仍需依赖“人机协同配送”模式。在人机协同配送的发展探索过程中，尝试构建和完善无人化物流配送平台，为后期实现完全化无人配送提供宝贵经验。当前，人机协同配送的重点在于完善物流配送调度系统，提前进行程序设计，合理分配人工劳作和机器工作的比例，无人化配送机器与特定人员进行搭配，完成机器交接与核验，增加物流配送末端的智能化水平和无人化程度。

作为无人化智慧物流的关键一环，无人机将探索更多运营模式和运行标准。不但提供了精确导航、通信、任务规划的能力，还可以自动在起飞及降落平台之间流转，并在流转过程中自动完成充电、货物装载、位置校正等全流程操作。

4. 无人机配送的具体应用场景

（1）发展农村电商无人机助力乡村振兴

炎炎夏日，杨梅迎来丰收时节。由于季节性强、易腐烂，杨梅的运输保鲜一直是困扰种植户的难题。在浙江温州，当地传统杨梅运输模式是上午采摘，然后存储在山顶仓库，下午再统一运输下山，耗时较长。针对杨梅寄递特点，顺丰提供了基于无人机的物流运输解决方案，让杨梅乘无人机“出山”，将传统运输模式的 2 h 缩短到 8 min。杨梅搭载无人机下山后，直接被送入预处理中心，通过分拣、预冷、包装、一件代发等全链条服务，实现了实时采摘、极速运输、全程温控。这一物流解决方案在增强寄递时效、提升杨梅品质方面实现了跨越式进步，有效降低了人工成本。

破解乡村配送不畅的困境，无人机无疑是一个很好的选择。无人机运输具有小批量、高频次的物流特点，在满足运载需求较低的偏远地区具有得天独厚的效率和成本优势。

农村电商已成电商发展新“蓝海”，整个双向物流网络的市场空间在万亿元以上，由于基础设施建设较差，无人机配送将在农村电商中大显身手。无人机在交通欠发达的地方，是一个优势，特别是行政村到自然村的末端配送。

我国推进“快递进村”工程，2022 年年底实现行政村全覆盖，小型无人机将在末端配送上发挥巨大作用。无人机摒弃了传统陆运线路迂回冗长、高耗低效的方式，优化运输线路，同时也符合国家“双碳”战略及绿色环保的发展理念。

以无人机为代表的新型运力体系建设可以有效提高物流服务能力，为陆路交通不便的地区提供站点到站点的物流运输服务，实现对服务覆盖范围的延伸。小型无人机不受陆地交通的影响，在末端物流配送领域能够及时响应，快捷便利。

民航局积极推动全国首个无人机物流配送试点项目落户对口支援地区——江西省赣州市南康区。经过几年发展，赣州民用无人驾驶航空试验基地吸引了许多无人机物流龙头企业落地运行，积累了一定的运行经验，又拥有目前国内最大的无人机飞行空域，为打造无人机研发测试、生产制造、综合应用三大产业奠定了良好的基础条件，从而为其推进乡村振兴铺就了一条“高速路”。其次，无人机物流配送的发展将为“快递下乡”注入强劲动力。“乡乡有网点，村村通快递；农产品进城，工业品下乡”。这是促进农民持续增收、巩固脱贫成果、提升农村居民生活品质的重要手段。但与城镇相比，农村快递服务仍存在网络设施建设滞后、电子商务配送站点覆盖率低、冷链快递服务能力弱、寄递服务成本高等问题。通过支持有条件的乡村布局建设无人机起降场地，开展无人机物流配送，可能成为低成本解决“快递下乡最后一公里”问题的妙招。最后，无人机物流配送将为农村地区创造“含金量”较高的就业机会。无人机在农业领域的应用场景正在迅速增加，各地农村对无人机“飞手”的需求与日俱增，这也吸引了许多外出务工的年轻人返乡成为新型职业农民。如果无人机物流配送产业能够大规模铺开，那么各地农村对专业的、复合的、兼具操控与维修能力的“飞手”的需求将大大增加，这也将吸引更多年轻人返乡参与乡村建设，成为乡村振兴的骨干力量。

（2）无人物流走进智慧校园与社区

随着新冠肺炎疫情逐步得到控制，多数地区转为低风险地区，具备开学条件的高校逐渐开学，并实行封闭化管理，在高校与社区实行封闭化管理期间，快递和外卖被要求采用无接触配送的方式，这需要建设智慧校园和社区为无人配送提供条件。首先，校园和社区内的道路要宽阔平整，为无人机配送和运行减少路面阻碍。其次完善校园和社区物业管理，当无人机在配送过程中出现意外，物业要充当城市管理中的应急救援角色，及时为无人机提供救援和技术支持服务。无人机配送在智慧校园和社区内能得到更多、更及时的技术支持与反馈，以提升配送效率，并作为试点不断改进无人物流配送新模式。

（3）无人机 + 外卖

由外卖员到餐厅取餐送到无人机起飞起点，手动为无人机装上餐箱，无人机接到指令开始配送，落地点是一个有二维码标识的小型机场，完成自动卸货后会收到返航信号。2.5 km 的航程花费时间 11 min。

美团希望建设综合自主飞行无人机、自动化机场及无人机调度系统为一体的城市低空物流网络。通过飞行器、导航控制、AI（人工智能）算法、航线管理、通信系统等五大自组研发技术能力，适应社区、商场、写字楼等多种场景，让无人机与骑手形成人机协同的配送，真正实现“万物到家”。

（4）无人机运送医疗物资

新冠肺炎疫情大流行使世界的发展几近停滞，世界各国对医疗物资的需求大幅增长，在某种程度上加快了无人机行业未来发展格局的重新构建。随着临床医疗用品需求不断增长，物流供应链上的传统配送方式如货车、轿车和卡车运输显得心有余而力不足。尤其是在沿海地区，一旦遭遇自然灾害如暴风雨等极端天气，采用传统配送方式很难送达。

（5）大型无人机

2020 年 8 月 21 日，顺丰联合航天时代电子基于运五-B 运输机平台研发的 FH-98 大型无人机，从宁夏起飞，近一个小时后飞机抵达内蒙古目的地机场，这标志着顺丰基于业务场景下，首次载货飞行取得圆满成功。这是国内首次将大型无人机用于物流场景。FH-98 最大起飞重量达到 5.25 t，是目前国内最大的无人机之一，具有适合货运的大业载和大货舱，同时具有起降距离短、巡航速度快等优势，可以轻松辐射区域枢纽至周边城市，大幅度提升支线物流效率。

大型无人机与传统有人机相比，不仅保留了原本的速度优势，更是在机型设计和机队运营上大幅度降低了运行成本，甚至与卡车达到同一量级。未来，大型无人机在物流场景下的应用将打通国内干线与支线的航空物流新通道，有效解决偏远地区物流运输不便、运输效能低下等问题。

高海拔、低温度，都成了无人机的应用场景，不再有门槛。方舟无人机可在温度低至零下 20 °C、海拔 4 000 m 以下环境中飞行，这意味着无人机运输今后能够服务更寒冷的北部地区及高原地区。在此基础上，不同地域、地貌末端场景下普通物流、医药冷链、生鲜水产等多种物流需求，就有了行之有效的解决方案。

5. 无人机制约发展问题

① 安全问题。无人机购买的途径广泛、轻易操控，如果被不法分子采用实施违法

犯罪行为，后果将不堪设想。同时，无人机物流运输也会给货物的安全问题带来潜在的隐患。

② 交通管制。当无人机物流发展到广泛普及形成高密集的低空空域交通流的时候，监管部门对空域的管制就必不可少。

③ 政策障碍。无人机的大规模应用意味着需要申请大量低空航线，目前政策得到空域监管部门的批准并不现实。

从成本角度，末端无人机的运营成本主要由三方面构成，即无人机设备成本、供能设备成本以及能源使用成本。但考虑到国家对通用航空和无人机发展的大力支持，相继出台政策提倡发展，加上科技进步，无人机运营成本有逐年下降的趋势。

无人机在配送应用中，噪声污染一直是不容忽视的难题。噪声大，容易影响居民生活，不解决这个问题，将导致无人机无法规模化落地。极端场景下，飞行的安全性标准就更加严格。顺丰针对性地在两款产品上设计了机载降落伞紧急迫降系统，可大幅减少安全隐患。并且关键的航电系统都经过了严格的可靠性和电磁兼容测试，使得两款无人机在可靠性、安全性方面均满足大规模商用化业务场景水平。

【拓展知识】

1. 无人机的使用和维护

无人机用途广泛，成本低，效率较高，生存能力强，机动性能好，使用方便。为了保证无人机正常飞行和使用寿命，需要对其进行维护保养，常做的维护有无人机清洁干燥、无人机电池保养、无人机电机保养以及无人机螺旋桨保养等。

（1）保持清洁干燥

无人机作为一种精密的电子设备是需要保持干燥清洁的，虽然无人机不是沾水即坏，但它如果沾水后或受潮后没有及时处理，会对电子元器件造成损坏，使无人机出现故障并降低无人机的使用寿命。如果无人机在使用过程中受潮或沾水，在使用完毕以后要先断电擦干无人机，然后放到防潮箱吸潮，确定湿气除净后再使用。另外，灰尘对无人机的影响也很大，尤其是电机等精密设备，所以要尽量避免从沙土碎石地面起飞，并在每次使用完毕以后对无人机进行除尘清洁。

（2）电池保养

如果无人机的电池出现鼓包情况要立即停止使用。有些无人机的电池有保护壳，如果在安装电池过程中出现安装不畅，则有可能是电池鼓包将外壳挤变形了。另外，在一般情况下无人机电池每周使用两次，最多一年电池就会出现老化现象。并且在使用无人机的过程中，还要注意外界温度对电池的影响，如果在低温地区使用，要对电池做好“保暖”和“热身”工作，以免出现电压急速升高的情况。

（3）螺旋桨保养

无人机螺旋桨虽然没有电池那么易坏，但也是需要经常维护保养的。虽然在正常使用过程中出现坠机导致桨叶折断的情况很少，但是由于视觉误差或操作导致撞上障碍物的问题却时常发生。如果出现撞到障碍物的情况，就要特别留意桨叶是否出现裂痕、缺口等影响无人机飞行稳定性的问题。如果螺旋桨损伤比较严重，则需要更换新的螺旋桨叶。

（4）电机保养

除了螺旋桨外，对无人机飞行稳定性影响最大的就是电机。如果无人机在悬停时出现无故侧倾或无法顺利降落的问题，则有可能是电机出现了问题。可以先尝试重新校正机身后再起飞，如果仍然出现这种问题，则需要及时送厂检修，以避免出现电机停转导致无人机失控或坠毁。

2. 无人机任务规划

（1）飞行环境限制

无人机在执行任务时，会受到如禁飞区、障碍物、险恶地形等复杂地理环境的限制，因此在飞行过程中，应尽量避开这些区域，可将这些区域在地图上标志为禁飞区域，以提升无人机的工作效率。此外，飞行区域内的气象因素也将影响任务效率，以充分考虑大风、雨雪等复杂气象下的气象预测与应对机制。

（2）无人机的物理限制

无人机物理限制对飞行航迹有以下限制：

① 最小转弯半径：无人机飞行转弯形成的弧度将受到自身飞行性能限制，因此限制无人机只能在特定的转弯半径内转弯。

② 最大俯仰角：限制了航迹在垂直半径范围内转弯。

③ 最小航迹段长度：限制无人机在开始改变飞行姿态前必须直飞的最短距离。无人机飞行航迹由若干个航点与相邻航点之间的航迹段组成，在航迹段飞行途中沿直线飞行，而达到某些航点时有可能根据任务的要求而改变飞行姿态。

④ 最低安全飞行高度：限制通过任务区域最低飞行高度，防止飞行高度过低而撞击地面，导致坠毁。

（3）飞行任务要求

无人机具体执行的飞行任务主要包括到达时间和目标进入方向等，需满足如下要求：

① 航迹距离结束，限制航迹长度不大于预先设定的最大距离。

② 固定的目标进入方向，确保无人机从特定角度接近目标。

（4）实时性要求

当预先具备完整精确的环境信息时，可一次性规划自起点到终点的最优航迹。而实际情况是难以保证获得的环境信息不发生变化。另一方面，由于任务的不确定性，无人机常常需要临时改变飞行任务。在环境变化区域不大的情况下，可通过局部更新的方法进行航迹的在线重规划；而当环境变化区域较大时，无人机任务规划则必须具备在线重规划功能。

项目 4　用无人机进行智慧农业，服务于乡村振兴

当人们试图在城市里将无人机用于航拍、物流、娱乐时，会受到空域管制、公共安全等多方面的限制，而在广阔的田间地头，无人机迎来了广泛应用。

任务 1　了解农业生产现状，思考无人机如何推动智慧农业发展

【任务描述】

“民以食为天，农业稳，天下稳；农民安，天下安。”农业是我国经济发展的根本。改革开放 40 多年来，中国的经济高速增长，城市化进程让农村的人口越来越少，原本使用大量劳动力的农业生产方式无法再持续发展，伴随着中国老龄化社会的到来，如何利用科技工具提高农业农村的生产效率问题，如何保障粮食安全问题，在当今逆全球化的趋势下，是我们国家非常迫切且正在努力解决的重大问题之一。

本任务引导大家关注“三农问题”，了解农业生产对国家发展的重要性和我国农业生产的现状，同时回顾学到的无人机相关知识，积极思考无人机如何应用于农业，在哪些方面能够发挥科技的力量，推动智慧农业的变革。

【任务背景】

三农问题与乡村振兴

“三农问题”是指农业、农村、农民这三个问题。中国是一个农业大国，“三农问题”关系到国民素质、经济发展，关系到社会稳定、国家富强。2021 年 2 月 21 日，《中共中央国务院关于全面推进乡村振兴加快农业农村现代化的意见》即 2021 年中央一号文件发布，这是 21 世纪以来第 18 个指导“三农”工作的中央一号文件。文件指出，民族要复兴，乡村必振兴。要坚持把解决好“三农”问题作为全党工作重中之重，把全面推进乡村振兴作为实现中华民族伟大复兴的一项重大任务，举全党全社会之力加快农业农村现代化，让广大农民过上更加美好的生活。

乡村振兴战略是习近平总书记 2017 年 10 月 18 日在党的十九大报告中提出的发展战略。乡村兴则国家兴，乡村衰则国家衰，我国人民日益增长的美好生活需要和不平衡不充分的发展之间的矛盾在乡村最为突出，全面建成小康社会和全面建设社会主义现代化强国，最艰巨最繁重的任务在农村，最广泛最深厚的基础在农村，最大的潜力和后劲也在农村。实施乡村振兴战略，是解决新时代我国社会主要矛盾、实现“两个一百年”奋斗目标和中华民族伟大复兴中国梦的必然要求，具有重大现实意义和深远历史意义。

乡村振兴的必由之路是加快农业农村现代化，加快农业农村现代化的必要环节是科技赋能。科学技术是第一生产力，科技能够大幅度提高农业生产效率。其中无人机作为重要的科技手段，将助力乡村振兴。

无人机深入介入农业领域，将影响到农业全行业链条，推动农业技术革命，“无人机 + 感应器 + 大数据”在农业领域的应用，能够勾勒出一个多层次、全方位的“农业地图”：土壤信息、作物信息、气候信息，乃至农户信息，都将得到汇总，从而提高农业生产效率。

通过在无人机上配置高清数码相机、高清摄像头、多光谱仪、高光谱仪、热像仪、各种传感器等专业成像设备，获取低空高分辨率遥感数据，并对数据进行分析处理，

可应用于农作物生长及健康状况评估、农作物产量预测、自然灾害评估、农作物病虫草害发现与预警、农作物生长环境监测、土地资源测量、畜禽管理、畜禽疫病发现等方面。

进入 5G 时代，借助 5G 网络，无人机和服务器无缝衔接，通过实时数据传送，靠着强大的数据计算，在短时间当中将时间传到终端，在农林方面可以实现全面覆盖灌溉、相关设备检测等多个领域，发展前景一片光明。

任务 2　详细了解并学习无人机如何进行植保作业

【任务描述】

本任务将主要介绍无人机如何进行植保作业。

【任务背景】

植保无人机推广应用的意义

中国作为农业大国，18 亿亩基本农田，每年需要大量的农业植保作业。植保作业是一项劳动强度大、作业环境差的农事。如今农村青壮年劳动力缺失，且传统植保施药方式效率低、农药利用率低、防效不稳定、无法有效监管农药使用情况，带来农产品农药残留超标、作物药害、环境污染等问题。植保无人机喷洒农药作业（见图 2-4-1），通过其精准、高效的施药方式，对提高农药利用率，减少农药使用量，减少农药对生态环境的污染，推进农业绿色发展具有十分重要的意义。

图 2-4-1　无人机进行植保作业示意图

1. 植保无人机分类

目前，国内销售的植保无人机分为两类：油动植保无人机和电动植保无人机。

农林植保无人机由飞行平台、GPS 控制、喷洒三部分构成，可以进行地面遥控，并通过 GPS 定位进行工作。就像飞机一样，通过地台进行连接，以防出现飞行问题，同时航向也与地面及时进行对接，保证飞机的安全。

在机型结构上，植保无人机又分为无人直升机和多轴飞行器。

一种遥控式农业喷药小飞机，飞机体型娇小而功能强大，可负载 8 ~ 10 kg 农药，在低空喷洒农药，每分钟可完成 670 m^2 地的作业。其喷洒效率是传统人工的 30 倍。该飞机采用智能操控，操作手通过地面遥控器及 GPS 定位对其实施控制，其旋翼产生的向下气流有助于增加雾流对作物的穿透性，防治效果好，并且远距离操控施药大大提高了农药喷洒的安全性，同时还能通过搭载视频器件，对农业病虫害等进行实时监控。

无人驾驶小型直升机具有作业高度低、飘移少，可空中悬停，无须专用起降机场，旋翼产生的向下气流有助于增加雾流对作物的穿透性，防治效果高，远距离遥控操作，喷洒作业人员避免暴露于农药的危险，提高了喷洒作业的安全性。另外，电动无人直升机喷洒技术采用喷雾喷洒方式至少可以节约 50%的农药使用量，节约 90%的用水量，这将最大限度地降低资源成本。用无人机喷洒的方式大大减少了人员聚集带来的接触风险。电动无人机与油动无人机相比，整体尺寸小，质量轻，折旧率更低，单位作业人工成本不高，且易保养。

做植保飞防服务除学会操作植保无人机以外，还需掌握相应的农业、农药和植保知识，不同的作物有不同的药液施用量，有不同浓度的配比要求，同时还有对机器性能精确度的要求。

2. 植保作业——农药喷洒

以棉田为例，实现机械采棉需要喷洒落叶剂，采用人工方式成本较高，拖拉机开进棉田则会碾压棉花，导致减产。而使用无人机喷洒，不仅可以节省人力、降低成本，还可以做到实时、均匀、准确喷洒，最大限度地减少农药渗入地下水的剂量。如今一些国内的无人机企业已经在新疆等地的农田开展作业，受到农民欢迎。

很多地区种植苹果、梨等多样化的水果以及蔬菜，如何对漫山遍野的果树喷洒农药是一个比较头痛的问题，以前一直以人工喷洒为主，而人工喷洒不仅耗费时间，同时也耗费人力，如果使用飞机喷洒，效果也未必能达到理想化状态。随着农业无人机和无人车设备的出现，喷洒农药的过程中可以通过携带扫描系统，得知周围喷洒对象的具体分布情况，进行精准喷洒，可大大减少浪费的情况。

任务 3　了解并学习无人机如何进行农场放牧

【任务描述】

本任务通过两个具体案例带领大家学习无人机如何进行农场放牧。

【任务背景】

1. 案例 1　无人机带来的“放牧革命”

对于大型牧场来说，传统放牧模式是大面积野外圈养，每年秋季的赶羊日，则是牧民一年中最忙碌而辛苦的日子。在寒冷的冬季来临之前，牧民需要将聚集在山岭高坡上的羊群赶到海拔较低、相对温暖的草场过冬，以免羊群在高山的风雪中冻死。然而，赶羊却是一场浩浩荡荡的大工程。当羊群聚集起来时，队伍可以长达 1 000 多米，要将这支庞大的队伍安全赶到山下，绵羊与牧民都将经受一场考验。因为野外牧场大多为陡峭山脉，牧民们往往需要携带牧羊犬坐直升机在山顶空降，再从山上将羊赶下山来。在崎岖难行的山崖上徒步，独自赶羊的牧民需要格外小心，一旦出了事故，很难在附近找到救援。

无人机的出现，让牧民节约了大量时间。无人机可以轻松提升到 1 000 m 的高空，可以很快找到羊群的位置，即便有落单迷路的羊，也会很快发现。牧民在无人机上装上扩音器，可以通过无人机向羊群播放狗吠声，有效地驱赶羊群，如图 2-4-2 所示。“用无人机发出的声响赶羊，时间长了可能会不那么有效，最好的办法是让它们能跟随无人机。”科研人员先从羊群选出几只头羊，人躲在树后，并在无人机的飞行路径下投下一些食物，让头羊误以为是无人机在向它们投喂食物。等这些头羊尝到无人机的“甜头”之后，再将它们放回羊群，让它们跟其他羊“体会”无人机的好处，科研人员用这种办法，几周之内就让 100 只绵羊学会主动跟着无人机跑了。

图 2-4-2　无人机放牧示意图

除了驱赶羊群，无人机携带的摄像头和传感器，还能统计羊群数量，跟踪羊群的健康状况。伴随着全程摄像航拍跟踪，牧民更容易清楚地获知羊群的情况，即使不用走出家门也可以仔细监控到羊群中每只羊的实时状况，也不会打扰到羊。

2. 案例 2　四川航空生态牧场

每天起床，四川阿坝藏族羌族自治州茂县唱斗村牧民吴万全第一件事就是掏出手机，点开一个程序，查看放养在斗子山顶的 20 多头牛有无异样。

斗子山海拔约 2 600 m。此前，吴万全上山一次需走一个多小时山路；现在，通过一部手机，足不出户，他就能知道牛是否偏离了草场。

这一切，都要得益于成都航空职业技术学院（以下简称“成都航空职院”）在当地推动的“航空生态牧场”扶贫项目。

2016 年起，成都航空职院开始对口帮扶茂县唱斗村，并连续派出驻村扶贫干部。2018 年，驻村第一书记胥萱和扶贫干部李吉努力在为当地百姓致富寻找新的产业出路，通过走访调研，他们锁定了养牛这个项目。

“茂县是个半农半牧地区，山林耸峙、地势险峻，农业多集中在河谷一带，牧场散落在高山之巅。”胥萱介绍，距离远、草场小、山林密，使得当地人对牧业兴致不高，“稍不注意，牛羊就走丢了，找起来特别费劲。”

有什么办法可以帮牧民快速找到走失的牛、打消他们的顾虑呢？成都航空职院的特色学科和专业力量就派上了用场。

李吉的另一个身份是成都航空职院机电工程学院副院长，他想到了利用 GPS 卫星定位、无人机技术，发展“航空生态牧场”。“简单说，就是给每头牛戴上一个特制项圈，可 24 小时监测其所在位置、生长情况、健康状况等信息，无人机飞到牧场上空，获取项圈数据后，实时传递回牧民手机上。”

吴万全成为第一个受益者。他一直怀揣着养殖致富的梦想，曾先后尝试过养羊、养猪，但收益都不好，“羊在山上都走丢了，猪又容易害病、价格波动也大。”就在他一筹莫展时，“航空生态牧场”让他燃起了希望。

2019 年 4 月，吴万全从“成都航院-唱斗村产业扶贫基金”免息借款 6 万元，首批购进了 20 头犏牛，放养于草木丰茂的斗子山中，每头牛戴上一个电子项圈，可实时记录其所处位置。他不再担心牛丢失，也不用三天两头就跑上山照看，可以腾出时间发展更多产业。

成都航空职院还免费对他进行学历提升，同时进行管理技能和无人机操作培训，辅导他成立农牧公司并指导运营，为将来建设绿色、生态规模养殖示范基地做准备。

“放养在山上的牛比圈养的长得更好，电商平台的消费者还可以通过无人机实时看到绿色、生态的放牧画面，购买会更加放心。”茂县科学技术和农业畜牧局高级畜牧师孙国李评价道，他预计生态牧场犏牛出栏价格会高于市场价一倍左右。

第一个航空生态牧场建成后，很快吸引了当地政府和老百姓的目光。不久，茂县松坪沟牧场成为第二个试点场地，那里地势开阔，草木繁茂，放养着约 1 万头牦牛。

2018 年，成都航空职院又选派干部对口帮扶松潘县纳坡村，“航空生态牧场”项目近期也准备在当地推广。松潘县是阿坝州最大的牛肉产出地，其草场更广、牦牛等牲畜围栏量更多，“无人机放牧”的优势更加明显。

“每年因冻死、饿死或被狼叼走等因素造成牦牛减产量约占 10%，有了 GPS 定位、牛羊生命健康监控、无人机放牧等技术，这部分的损失就可以大大降低。”松潘县分管三农和脱贫工作的县委常委华尔白非常看好这个项目，希望能在全县牧区推广。

2020 年 3 月，“航空生态牧场”项目成功入选全国教育扶贫典型案例。与此同时，成都航空职院又成功申报了 2020 年四川省科技厅重点项目“高原山地无人机放牧系统开发”，将集合多学科优势力量，研发电池续航更长久、定位更精准的项圈，建立与动物医学、畜牧养殖等数据交互共享的生命健康监测平台等，真正用科技力量减轻广大农牧民的劳动作业强度，努力为高原地区生态养殖行业创造上亿元的销售增值。

项目 5　无人机近年来的非凡表现

任务 1　分组收集无人机应用典型案例

【任务描述】

除了前面任务中涉及的领域，无人机在其他国民生产生活方面也发挥着巨大作用，本任务将介绍无人机在台风探测、灾区救援、公安侦查等领域的应用场景。

【任务背景】

1. 翼龙-10 无人机进行台风探测

台风的威力之大，每年台风到来时，都会给国家造成巨大的损失。如果能够准确预知台风的中心位置及其强度，并做出相应处理，台风给我们造成的损失就会达到最小，而探测台风就要靠无人机来实现了，无人机不需人力驾驶，用于天气探测非常合适。

中国气象局于 2018 年启动“海燕计划”，选用翼龙-10 大型无人机开展试验，如图 2-5-1 所示。2020 年 8 月 2 日，中国气象局联合中国航空工业集团有限公司、海南省气象局等 12 家单位，利用航空工业自主研制的翼龙-10 无人机进行了我国首次高空大型无人机台风综合观测试验，翼龙-10 搭载着高空气象观测设备从海南博鳌机场腾空而起，升至 1 万米高空后，成功下投 30 枚探空仪，与毫米波雷达一起完成了对台风“森拉克”外围云系的 CT 式扫描。随着观测数据实时传送回地面指挥系统，标志着我国首次高空大型无人机海洋、台风综合观测试验取得圆满成功。

图 2-5-1　翼龙-10 无人机

探空仪是广泛应用于气象探测的一种电子设备，可测量大气气压、温度、湿度、风力等关键参数。探空仪包括处理模块、传感器模块、无线电通信模块、卫星导航模块。此次探测任务重，探空仪装载于翼龙-10 无人机吊舱里，在高空投放后测得的大气关键参数，通过无线链路实时下传地面数据指挥控制中心，实现对台风等关键气象的实时监控。

翼龙-10 无人机是我国自主研发的高空、高速、长航时无人机，具有自主化程度高、自主飞行能力强的特点。翼龙-10 无人机最大起飞重量超过 3 t，巡航高度超过 12 500 m，巡航速度超过 500 km/h，航程超过 4 000 km，航时高于 8 h，可挂载 400 kg 任务载荷，能够执行多项任务，如气象侦测、图像侦察、电子干扰等，是国内第一款配装双涡扇发动机、实现双发双控的高空高速无人机，能够满足国内外、军民用多种场景使用。

2. 翼龙无人机紧急保障灾区通信

2021 年 7 月，河南省突遭大规模极端强降雨，部分区域发生洪涝灾害，一些村镇通信中断，应急管理部紧急调派翼龙-2 应急救灾型无人机，跨区域长途飞行，历时 4.5 h 抵达通信中断区域，利用翼龙无人机空中应急通信平台搭载的移动公网基站，实现了约 50 km^2 范围长时间稳定的连续移动信号覆盖。翼龙-2 应急救灾型无人机组建的“临时空中基站”为灾区居民及时报告灾情、报送平安恢复了移动公网信号，打通了应急通信保障生命线。

翼龙-2H 应急救灾型无人机系统是航空工业为应急管理部打造的应急通信国家力量，此次任务总飞行时间近 16 h，在任务区内作业时间共计 8 h 8 min，“翼龙”应用宽、窄带组网设备和移动公网设备，保证受灾人员可及时获取专网和移动网络信号，还应用 CCD（电荷耦合器件）航测相机、EO（光学变焦）光电设备和合成孔径雷达（SAR）对受灾区域进行拍照和监测，实时将有关信息回传至指挥中心，解决了灾区“三断”极端情况下“信息传不出来”的问题，实现了应急救援行动的高效、准确指挥，如图 2-5-2 所示。此次暴雨“翼龙”能够快速反应，迅速出动，离不开之前的应急救援演练。2021 年 5 月，翼龙-2H 应急救灾型无人机就从贵州安顺机场起飞，奔赴四川雅安，参与国家“应急使命 2021”抗震救灾演习，在演习中，“翼龙”第一时间抵达“灾区”搭建信息平台，打通“生命通道”，为此次实战的快速出动奠定了基础。

图 2-5-2　翼龙-2H 应急救灾型无人机

翼龙-2H 应急救灾型无人机是翼龙-2 察打一体无人机的民用版本，它是国内同级别中空长航时无人机中起飞重量最大的型号。起飞重量大，意味着可以携带更多的燃油、有效载荷。其次，它使用了涡桨发动机，与较小型的无人机广泛采用的活塞式发动机相比，涡桨发动机功率更大，中高空性能更好，这给无人机带来的优势就是速度更快、巡航高度更高。速度快就可以更快飞抵目标区上空，对抢险救灾来说非常重要。较高的巡航高度，也提高了无人机应对复杂气象条件的能力，它可以在云层上进行巡航飞行。

3. 无人机在公安侦查领域的应用

随着我国经济的快速发展和城市化的大步迈进，人、车、物、财流动加剧，社会公共安全形势日趋复杂，安全监控、安全防范与安全保护工作的紧迫性不断加大。十九大报告《关于加强和创新社会治理的新理念和新举措》强调加快社会治安防控体系建设需要运用各种科学手段整合现有警力和社会资源，把打击、防范、控制等多种措施有机结合，实现“打、防、管、控”一体化，实现统一指挥，快速反应，整体联动，天网、地网齐头并进实现立体化社会治安防控体系。

传统依靠普通二维地图或人工现场熟悉地理环境的指挥调度方式已经远不能满足公安应急等特殊的紧急需求，现场可视化的应用需求越来越迫切。城市突发事件的信息采集存在时间、空间、规模等方面的诸多不确定性，现有信息采集手段的有效性方面存在不足。警用无人机可以弥补上述不足，发挥不可替代的作用。它有噪声小、隐蔽性强、可靠性高及易用性等特点，适合在城市等空间狭小的现场快速部署，尤其适用于群体事件现场情况的全局掌控，以及事故现场的拍照、火灾现场勘测、有害物质区域侦查等，能够“查得准、盯得住、传得快”，为组织指挥决策提供重要依据。

随着警用无人机技术的日趋成熟，公安机关特别是基层派出所在日常社会管理工作中对服务群众、掌握辖区实际情况、开展安全防范以及维护治安秩序、应急救助等情况，积极探索实践“无人机＋警员”巡逻新模式，加强和创新社会治安综合治理，实现科技用警最大效益化，通过智慧警务服务民生，护卫社会发展。

在无人机未广泛应用之前，政府监测管理基本上依靠固定的监控设备完成，而随着用户对设备的深度应用，监控死角的问题不可避免，借助无人机在航拍方面的明显优势，被称为监控死角、物体破坏等监控摄像机的软肋有望获得改善。另外，在一些地方或恶劣的环境下，摄像机、传感器等监测设备的安装布线及维护都是大问题，固定点视频监控在可视化管理领域需求多样化的趋势下，需要有像无人机航拍这样的新设备在特殊情况下提供技术保障。作为现场可视指挥调度系统的重要部分，无人机拍摄的视频画面顺利接入系统，实现现场可视化应急管理，再结合智能分析技术，使指挥部提高现场处理的效率，提升现场的应急反应能力。无人机机载摄像头是动态的视角、三维立体式的多样视角，到达现场之后能够迅速展开，还可以多角度、大范围地进行现场观察，具有不可替代的作用，是一般监控设备无法比拟的。无人机立体防控系统运用了创新的无人机应用技术及系统解决方案，无人机平台结合视频图像、红外传感器、无人机智能任务规划和航线规划、无人机视觉智能感知等技术，实现空中对复杂地形、复杂结构区域以及人口密集等重点防控区域进行智能化监测和科学化管控。

在警务实战中，侦查、交管和应急处置是警用无人机应用最广的三个领域。在反恐处突领域主要运用于反恐行动、空中监视、目标搜寻、警备监视、会场安保监视等；在交通管理领域主要运用于交通监管、交通路况监测、交通违法取证、路况巡查、空中执勤等；在森林防火领域主要运用于森林防火监控、火灾事故空中侦察、山林搜救、森林救灾应急指挥等。

4. 在反恐处突、处置群体性事件、重大活动安保中无人机的应用

发生恐怖袭击、人质劫持等情况时，无人机可以替代警力第一时间接近事发现场，通过可见光视频和热成像观测等机载设备，将第一现场情况实时回传指挥部，为指挥人员制定行动方案提供决策依据。发生群体性事件时，小型无人机能发挥快速响应、空中机动灵活的优势，实时跟踪侦察事件的发展态势，帮助指挥中心实时不间断指挥处理。加装空投装置后，小型无人机还能进行特殊物品的投送，如播撒传单，向地面人员传递信息；小型旋翼无人机通过加装高音喇叭，可以进行空中喊话，传递政府信息。在大型活动中，小型无人机可以从空中对地面进行侦察提供高清画面，并可以快速机动到任何需要的区域上空，搜索发现地面可疑人员、车辆，提供强有力的空中情报保障。

5. 在禁毒、搜索犯罪嫌疑人、山林搜救等方面的应用

2012 年，北京市公安局在门头沟区启动“鹰目 2012 空中禁毒”行动，北京缉毒总队放飞两架无人侦察机。无人机可以搭载红外设备、视频监控设备进行无人侦察任务，利用罂粟与其他植物不同的红外线反射原理，对种植罂粟的地区进行侦察识别。同样的原理，无人机也可以利用人与周围物体不同的红外线反射原理，在荒漠、山林等地区对犯罪嫌疑人和受困群众进行侦察或救援。

任务 2　知识拓展

【任务描述】

按大气温度随高度的分布特征，把大气层分为对流层、平流层、中间层、热层和外逸层。

【任务背景】

1. 对流层

地球对流层位于大气的最底层，集中了约 75%的大气质量和 90%以上的水汽质量。其下界与地面相接，上界高度随地理纬度和季节而变化，它的高度因纬度而不同，在低纬度地区平均高度为 17 ~ 18 km，在中纬度地区平均为 10 ~ 12 km，极地平均为 8 ~ 9 km，并且夏季高于冬季。

对流层从地球表面开始向高空伸展，直至对流层顶，即平流层的起点为止。在高纬度的地区，因为地表的摩擦力会影响气流，形成了一个平均厚 2 km 的行星边界层。这一层的形成主要依靠地形而有所不同，而且也会被逆流层的分隔而与对流层的其他部分分开。

英语里的对流层一字“Troposphere”的字首，是由希腊语的“Tropos”（意即“旋转”或“混合”）引申而来的。正因对流层是大气层中湍流最多的一层，喷射客机大多会飞越此层顶部（即对流层顶）用以避开影响飞行安全的气流。

对流层集中了约整个大气质量的 3/4 和几乎全部水汽，对流活动频繁，风、云、雨、雪、雷电等天气现象都发生在这一层内，给航空器的飞行带来了困难，这一层是航空器活动的主要区域。

2. 平流层

平流层夹于对流层与中间层之间。

平流层之所以与对流层相反，随着高度上升而气温上升，是因为其顶部吸收了来自太阳的紫外线而被加热。故在这一层，气温会因高度而上升。平流层的顶部气温约有 270 K，与地面气温差不多。平流层顶部称为平流层顶，在此之上气温又会随高度而下降。至于垂直气温分层方面，由于高温层置上而低温层置下，这使得平流层较为稳定。

此层的增温是由于臭氧层吸收了来自太阳的紫外线，它把平流层的顶部加热。至于平流层的底部，来自顶部的传导及下部对流层的对流刚好在那里抵消。所以，极地的平流层会于较低高度出现，因为极地的地面气温相对较低。

在温带地区，商业客机一般会于离地表 10 km 的高空，即平流层的底部处巡航。这是为了避开对流层（因对流活动而产生气流）。而在客机巡航阶段所遇上的气流，大多是因为在对流层发生了对流超越现象。同样地，滑翔机一般会在上升暖气流上滑翔，这股气流从对流层上升到达平流层就会停止。这样一来变相为世界各地的滑翔机设定了高度限制。

平流层是一个放射性、动力学及化学过程都会有强烈反应的区域。因为其水平的气态成分混合比起垂直的混合都来得要快。一个较为有趣的平流层环流特性是发生于热带地区的准双年震荡（QBO）。这种现象由重力波引导，是由于对流层的对流而引致的。准双年震荡引致了次级环流的发生，这对全球性的平流层输送诸如臭氧及水蒸气等尤为重要。

3. 中间层

中间层又称中层，是自平流层顶到 85 km 之间的大气层。

该层内因臭氧含量低，同时能被氮、氧等直接吸收的太阳短波辐射已经大部分被上层大气所吸收，所以温度垂直递减率很大，对流运动强盛。中间层顶附近的温度约为 190 K；空气分子吸收太阳紫外辐射后可发生电离，习惯上称为电离层的 D 层；有时在高纬度、夏季、黄昏时有夜光云出现。

4. 热　层

热层（Thermosphere），又称热成层、热气层或增温层，是地球大气层的一层。它位于中间层之上及外逸层之下，其顶部离地面约 800 km。热层的空气受太阳短波辐射而处于高度电离的状态，电离层便存在于本层之中，而极光也是在热层顶部发生的。

热层的大气分子吸收了因太阳的短波辐射及磁场后其电子能量增加，其中一部分进行电离，这些电离过的离子与电子形成了电离层，电离层可以反射无线电波，因此它又被人类利用进行远距离无线电通信。

5. 外逸层

外逸层即散逸层，又称外层、逃逸层，是热层（暖层）以上的大气层，也是地球大气的最外层。这层空气在太阳紫外线和宇宙射线的作用下，大部分分子发生电离，使质子和氦核的含量大大超过中性氢原子的含量。外逸层空气极为稀薄，其密度几乎与太空密度相同，故又常称为外大气层。

由于外逸层空气受地心引力极小，气体及微粒可以从这层飞出地球致力场进入太空。外逸层的温度随高度增加略有增加。

项目6　拓展项目

自编案例和学习感悟

学习情境 3　无人机发展简史

项目 1　课前思考与准备

【项目描述】

通过图书馆和网络查找资料，以航空动力装置、控制方式的发展与变迁为主线，学习和了解航空发展简史，了解动力装置、控制方式的技术进步对有人机发展带来的影响。

【项目分析】

当下关于航空发展史的资料不少，需要读者通过资料查阅，初步认识动力装置、控制方式、大规模集成电路和航电技术及其对航空器的发展影响。该任务需要掌握的知识技能如下：

（1）飞行器主要动力装置的类型和术语；

（2）飞行器主要控制方式的类型和术语；

（3）飞行器航电控制系统的相关术语。

任务 1　飞机的起源

飞机一般专指具有固定机翼结构、可依靠自身发动机的动力驱动前进，能在自身的密度大于空气的太空或者大气中飞行的航空器，是最常见的航空器形态。如果飞行器的密度小于空气，那就是气球或飞艇。如果没有动力装置，只能在空中滑翔，则被称为滑翔机。如果飞行器的机翼不固定，靠机翼旋转产生升力，则成为直升机或旋翼机。

有关飞机的发明者，目前较为公认的是美国的莱特兄弟，他们于 1903 年 12 月 17 日上午 10 点 35 分在美国试飞成功，飞机在空中飞行了 12 s 共 36.5 m。另外，还有人认为世界上最早的飞机是由法国人克雷芒 ·阿德尔发明的，他采用一台 2 缸 20 马力（约 15 kW）的蒸汽机作为动力，于 1890 年 10 月 9 日在法国格瑞兹附近的阿梅威利斯城堡成功试飞了“风神”。阿德尔的这次试验飞行时间很短，而且飞机不可操纵，但是阿德尔第一次向人们展示了重于空气的机器可以靠自身的动力升离地面。因此，部分人认为他发明了历史上第一架飞机。1906 年 11 月 12 日，巴西人桑托斯 · 杜蒙特的“14 bis”飞机成功地在 6 m 高度飞行了 220 m，打破了当时所有飞行器的世界纪录，而之前的飞行并没有达到真正意义上“飞”的标准。

飞机的动力装置一般包括活塞发动机、涡轮喷气发动机、涡轮螺旋桨发动机、涡轮风扇发动机或火箭发动机等。

【分析思考】

搜集资料，请回答下列几个问题：

- 第一架有动力可操纵的飞机是什么时间成功的？
- 它第一次飞行的时间和距离分别是多少？
- 它的发明者是谁？
- 在此之前，是否还有其他发明了“飞机”的记载？
- 从动力装置和控制方式的角度思考：这些“飞机”与第一架飞机相比，是因为缺少了什么而没有能够成功？

任务 2　中国航空简史

1903 年美国莱特兄弟开创了人类航空新纪元。而在 1911 年，中国就拥有自制的飞机，比俄、德等国都早，仅在美、英、法三国之后。1914 年，北京南苑航空学校修理厂厂长潘世忠设计制造出了一架双翼推进式双座军用飞机，从动力到机体全部自主研发，表明中国已经可以开始生产飞机了，此时世界上能独立设计并制造飞机的国家仍然屈指可数。下面，通过近代中国航空发展史上的几件大事件来了解一下我国的航空发展的历程。

【课程思政】中国航空简史

1. 事件一　冯如驾驶自行设计的飞机升空

1909 年 9 月 21 日傍晚，25 岁的旅美华侨冯如驾驶他所设计的“冯如 1 号”（见图 3-1-1）在美国旧金山附近的奥克兰市成功升空，高度约 4 m，飞行距离 804 m。这次飞行距莱特兄弟的世界上首次飞行不到 6 年，飞行距离也远超莱特兄弟首次飞行的 36.6 m。而且这架飞机装有 4 轮起落架，不必靠滑车滑行起飞。1909 年 9 月 23 日的《旧金山观察者报》在头版显著位置刊登了冯如的照片和飞行经过，并把冯如誉为“东方的莱特”。同日，加利福尼亚《美国人民报》发表了《中国人民的航空技术超过了西方》的文章，也对冯如的试飞给予了高度评价。冯如既是中国第一位飞机设计师，又是第一位飞行家，因此被尊称“中国创始飞行大家”。

图 3-1-1　冯如 1 号

第一架冯如1号试飞后，过了两年他又设计制造了冯如2号。冯如认为中国要强盛，还要把学到的那些航空知识带给祖国。于是他就带着三架飞机，带着徒弟，回国参加辛亥革命，为国出力。但是在1912年，他在一次飞机试飞中飞机失事而牺牲，年仅29岁。

这个事件可以让我们明白，先烈们在对航空事业的热情和智慧并不比别人差，但是碍于当时中国半殖民地半封建社会的环境，我国的航空事业发展非常艰难。

2. 事件二　中国第一架水上飞机在马尾升空

1919年8月，王助在福建马尾设计了中国第一架水上飞机——“甲型1号”初级教练机，如图3-1-2所示。王助，河北保定人，波音公司刚创立时的第一任工程师，为波音公司设计了1架水上教练机，飞机试飞成功后，波音公司获得了美国海军50架的大合同，合同金额达57万美金，王助为波音公司挖到了第一桶金。但当时的美国存在非常严重的种族歧视，他设计的水上飞机试飞，却不允许他到现场观看。因此，愤怒的王助回到了中国，设计了中国第一架水上飞机“甲型1号”，并建立了航空研究院，1949年转往台湾，1965年去世。

图3-1-2　“甲型1号”初级教练机

如今波音系列的客机妇孺皆知，享誉全球。波音也是世界上最主要的航空器制造商之一，但是其首任工程师王助，除了中华儿女会偶然谈起外，却似乎被遗忘在了历史的角落。这个事例充分说明，一个人及时有天纵之才，为一个公司做出了巨大的贡献，如果没有强大的祖国在背后默默地守护，也难以得到最基本的尊重，更难施展自己的才华和能力。

3. 事件三　孙中山倡导“航空救国”

“乐士文1号”飞机，是孙中山先生1922年委任的航空局局长杨仙逸将军领导制造的，如图3-1-3所示。早在1913年二次革命失败后，孙中山避难日本重建革命阵容时，就将“掌握飞船、飞艇之编制、装配、制造、修理”列入了海军部组织条例第六条中，并在日本筹办航空学校，培养革命所需航空人才。孙中山在向航空学校师生讲话中，着重指出“飞机将是未来战争决胜之武器”，在这次讲话中，他提出了“航空救国”的主张。

图 3-1-3　乐士文 1 号

这个事例说明，革命先烈们早就认识到了航空事业的重要性，但是在半殖民地半封建的旧社会，中国航空事业的发展却从开头的先进行列，慢慢地落后于西方列强，并且差距越来越大。只有在中华人民共和国成立后，在中国共产党的领导下，中国的航空事业才再次迎头追赶，得到了快速发展。

4. 事件四　新中国航空事业的创立与成长

中华人民共和国成立不久，党中央和毛主席便把建设航空工业提到重要议事日程，并由周恩来总理亲自筹划，直接领导创建工作。1950 年 4 月 15 日，毛主席给《人民空军》杂志创刊号题词时就指出："创建强大的人民空军，歼灭残敌，巩固国防。" 1951 年 4 月便成立了以聂荣臻为主任、李富春为副主任的航空工业管理委员会。

刚成立时的航空工业只有 16 个小型航空工厂和两个兵工厂、300 多台设备和 9000 多名职工。从 1953 年开始的第一个五年计划把航空工业列为国家重点建设项目，苏联曾对中国航空工业的建立提供了技术援助。中国航空工业开始迅速成长：1954 年 7 月 3 日，新中国生产的第一架飞机——初教-5 试飞成功；1956 年又试制成功了国产第一架喷气歼击机——歼-5；1957—1958 年，制成多用途运输机——运-5 和自行设计的初级教练机——初教-6；1959 年，超音速喷气式歼击机——歼-6 试飞成功；1969 年，双发高空高速截击战斗机——歼-8 Ⅰ 成功首飞，如图 3-1-4（a）所示；1984 年，歼-8 Ⅱ 首飞成功，是我国在 20 世纪末守护祖国天空的主要空中力量之一，如图 3-1-4（b）所示；1998 年 3 月 23 日，我国自主研制的轻型、多功能、超音速、全天候第三代战斗机——歼-10 成功首飞。

（a）歼-8 Ⅰ 战斗机

（b）歼-8Ⅱ战斗机

图 3-1-4　歼-8 系列战斗机

2001 年 4 月 1 日，“海空卫士”王伟驾驶的歼-8Ⅱ战斗机在拦截美国 P-3C 的过程中不幸与其相撞，壮烈牺牲。这一事情充分说明，国家要强盛，就必须拥有自己的武装力量。

5. 事件五　航空事业的井喷

自 2010 年以来，我国的航空事业进入新一轮的高速发展时期。2011 年 1 月 11 日，我国研制的双发重型隐形第四代战斗机——歼-20 成功首飞，如图 3-1-5 所示；该机型具备高隐身性、高态势感知、高机动性等能力，用于接替歼-10、歼-11 等第三代空中优势/多用途歼击机，担负中国空军未来对空、对海的主权维护任务。2013 年 12 月 23 日，国产新型通用直升机——直-20 在哈尔滨某机场成功首飞，如图 3-1-6 所示。直-20 服役后，我军空中突袭能力得到极大提高，并在高原地区运输、抢险救灾等领域发挥了极为重要的作用。2013 年 1 月 26 日，我国首款自行研发的大型多用途运输机——运-20 首飞成功。与中国空军现役伊尔-76 比较，运-20 的发动机和电子设备有了很大改进，载重量也有提高，短跑道起降性能优异，可在复杂气象条件下，执行各种物资和人员的长距离航空运输任务。2017 年 5 月 5 日，我国首款完全按照国际先进适航标准研制的单通道大型干线客机 C919 成功试飞。该机型具有我国完全自主知识产权，最大航程超过 5 500 km，性能与国际新一代的主流单通道客机相当。

另外，自 2010 年以来，我国自主研制的彩虹、翼龙等系列无人机开始在国际市场上崭露头角，并赢得了口碑。民用无人机也涌现了一大批国际品牌，如大疆、道通、极飞、纵横等。图 3-1-7～图 3-1-10 为我国研制成功的无人机。

图 3-1-5　歼-20

图 3-1-6　直-20

图 3-1-7　长空一号

图 3-1-8　隐身无人机

图 3-1-9　翼龙Ⅱ无人机

图 3-1-10　彩虹系列无人机

对比中国百年航空事业的发展，至少从一个侧面反映了，党中央的正确领导、强大的国力、稳定美好的社会环境才能充分促进和保证中国航空事业的发展。

【分析思考】

请同学们试着按年代顺序绘制出中国航空事业新机型的坐标图，并对照历史时期的重大事件总结中国航空事业快速稳定发展需要什么条件？

项目 2　无人机的过去

任务 1　学习与掌握

无人机的概念最早出现在 20 世纪 20 年代，当时，第一次世界大战进入尾声，动力飞行还完全是一个新生的事物。但是，英国的两位将军已经提出了一种设想：研制一种不用人驾驶，而用无线电操纵的小型飞机，使它能够飞到敌方某一目标区上空，将事先装在小飞机上的炸弹投下去。

1917 年，皮特·库柏和埃尔默·A.斯佩里发明了第一台自动陀螺稳定器，这种装置能够使飞机保持平衡并向前飞行，无人飞行器自此诞生。他们将寇蒂斯 N-9 型教练机成功改造成了首架无线电控制的不载人飞行器——斯佩里“空中鱼雷号”，可搭载约 136 kg 的炸弹飞行约 80 km，如图 3-2-1 所示。另一种是木质的凯特灵“空中鱼雷号”，也被称作“凯特灵小飞虫”，载荷能力约 136 kg，拥有可拆卸机翼，并且可以从装有滚轮的手推车上起飞，如图 3-2-2 所示。这两种飞行器都飞不回起飞点，因此也无法重复使用，而且都没有经过实战检验。

图 3-2-1　斯佩里（Sperry）“空中鱼雷号”（1917 年）

图 3-2-2　凯特灵（Kettering）“空中鱼雷号”（1917 年）

1935 年出现的“蜂王号”无人机具备了能够飞回起飞点的能力，使得无人机技术具有了可重复使用的实用价值。“蜂王号”最高飞行高度为 5 182 m，最高速度约 160 km/h。因此，“蜂王号”无人机的问世标志着无人机时代的正式开始，“蜂王号”也成为近代无人机的“开山鼻祖”，如图 3-2-3 所示。随后无人机被应用于各大战场执行侦察任务。然而由于当时技术比较落后，无人机无法出色地完成任务，逐渐受到冷落，甚至被军方弃用。

图 3-2-3　“蜂王号”（1935 年）

德国工程师弗莱舍・福鲁则浩于 1944 年设计了一架速度达到 756 km/h 的无人机，即著名的 V-1“复仇者一号”。“复仇者一号”为攻击英伦列岛而设计，也是当代巡航导弹的先驱。“复仇者一号”载弹量约 908 kg，发射（起飞）后能够按照预先程序飞行 240 km，如图 3-2-4 所示。

图 3-2-4 “复仇者一号”（1944 年）

虽然无人机的出现比较早，但由于技术发展的限制，早期发展很慢，主要用途是用作防空训练的靶机。直到 20 世纪 60 年代，由于战争的牵引无人机才开始加速发展。越南战争、海湾战争乃至北约空袭南斯拉夫的过程中，无人机都被频繁地用于执行军事任务。随着电子技术的进步，无人机在担任侦察任务的角色上开始展露它的多用途与重要性。例如，1982 年以色列航空工业公司首创以无人机担任其他角色的军事任务。

【拓展知识】

“无人机”这个名词已经成为许多国家用于描述最新一代无人驾驶飞机的术语。从字面上讲，这个术语可以描述从风筝、无线电遥控飞机，到 V-1 飞弹从发展来的巡航导弹，但是一般从专业术语来讲，“无人机”仅限于可重复使用的比空气重的飞行器。

结合所学知识，请回答下列几个问题：

最早的无人机是什么时间出现的？

早期的无人机靠的是什么来实现无人飞行的？

早期的无人机存在的主要问题是什么？

第一架真正的无人机是什么时间出现的？其主要用途是什么？存在什么问题？

贝卡谷地空战

以色列国防军在数次的中东战争中，频繁地使用了无人机进行侦察、情报收集、跟踪和通信，其中“侦察者”无人机系统曾经在以色列陆军和以色列空军的服役中担任了重要战斗角色。其无人机系统应用最出名的战例就是 1982 年 6 月的“贝卡谷地空战”。以色列空军精心准备，出动了近百架飞机，在短短 6 分钟内就彻底摧毁了叙利亚在黎巴嫩贝卡谷地经营 10 年耗资 20 亿美元设置的 19 个萨姆导弹阵地。贝卡谷地的萨姆导弹阵地已成为以军预定的重要目标。在此之前，以色列被击落的战机大多数是由萨姆导弹击落的，因此，叙利亚对萨姆导弹推崇至极，但也让以色列人恨之入骨。实际上，在世界战争舞台上，没有任何武器装备可以在战场上永远保持“绝对优势”，叙利亚对萨姆导弹的过分迷信和依赖，就是贝卡谷地发生悲剧的伏笔。

以色列对贝卡谷地虎视眈眈，叙利亚人也心知肚明——贝卡谷地迟早有一场恶战。所以，自以色列侵入黎巴嫩开始，部署在贝卡谷地的叙利亚军队就进入了高度戒备状态，全员严阵以待，静候以色列军队。

1982 年 6 月 9 日中午，贝卡谷地天气很好，萨姆导弹死死地盯着天空，安静地对着以色列飞机可能来袭的方向。此时，以色列埃其翁空军基地内，一架架飞机整齐地排列在跑道上。座舱内，驾驶员早已就位，随时准备攻击。战斗警报声拉响后，以色列的 F-15 和 F-16 战机陆续升空担任空中掩护。随后，F-4 和 A-4 飞机载着激光制导炸弹升空。它们的任务是实施低空轰炸。战机升空之前，以色列军队做了一件当时很少有人会想到和做到的事情——使用无人机充当诱饵，以引诱叙利亚制导雷达开机，并发射导弹。

“多算胜，少算不胜”，叙利亚军队毫无悬念地中计了。萨姆导弹相继发射，贝卡谷地里红光闪闪。以色列无人飞机接二连三地被击中、坠地。但当叙利亚为“胜利”欢呼雀跃，开始收缴“战利品”时才发现，坠落的飞机竟是塑胶制作的，而且没有找到 1 具以色列飞行员的尸体。叙利亚的指挥官立刻意识到中了以军的诡计并迅速下达雷达关机的作战命令。

为以军充当“敢死队”角色、刺探萨姆导弹秘密的是以色列自行研制的“侦察员”和“猛犬”无人驾驶飞机。它们率先飞临叙军导弹阵地上空充当诱饵，诱使叙利亚军队引导萨姆导弹的制导雷达开机。只要制导雷达开机，“侦察员”和“猛犬”无人机就能够立即把截获的无线电信号传给早已等候在空中的 E-2C“鹰眼”预警机，预警机再把这些信息传给 F-4 战斗机。F-4 战斗机获得信息后，发射“百舌鸟”反辐射导弹，准确无误地摧毁了萨姆导弹的制导雷达，这样就使得萨姆导弹顿时变成了“瞎子”。与此同时，“侦察员”和“猛犬”无人机还把截获的信息传送给埋伏在贝卡谷地山脚下的大量“狼”式地对地导弹。除此之外，“侦察员”和“猛犬”无人机还充当了战地“摄影记者”的角色。它们如入无人之境，从容拍摄（侦察和战果评估）战地情况，并及时传送给后方指挥部，使以色列的军事首脑不用上前线，就可以观看贝卡谷地的激战实况。

在“百舌鸟”和“狼”式导弹把萨姆导弹变成了“瞎子”之后，几十架战斗机、轰炸机恶狼一般地猛扑导弹阵地。片刻工夫，贝卡谷地已被团团烟雾所笼罩。以军飞机在 6 分钟内连续实施了 3 次攻击波，贝卡谷地瞬间变成了血与火的海洋。

叙利亚人苦心经营 10 年、耗资 20 亿美元才建立起来的 19 个萨姆导弹连、228 枚导弹，在 6 分钟之内就不复存在了。毫无疑问，“侦察员”和“猛犬”无人机为这次成功空袭立下了头功。

【分析思考】

- 贝卡谷地战斗的背景是什么?
- 此次战斗为什么是“多算胜，少算不胜”？
- 叙利亚军队“少算”了什么?

- 贝卡谷地战斗中，以色列军队都有哪些机型参战？参战的各类机型各自的功能和作用分别是什么？

任务 2　知识拓展

无人机可以按功能、大小、速度、活动半径、实用升限、续航时间等方法进行分类。其中，按照功能用途一般可分为民用无人机和军用无人机两大类。民用无人机，指用于民用航空活动的无人机；军用无人机，指用于民用航空活动之外的无人机，包括用于执行军事、海关、警察等飞行任务的无人机。

一、基于飞行管理的“两级三类五型”民用无人机分类

两级：按执行任务性质，将无人机分为国家和民用两级。

三类：按飞行管理方式，将民用无人机分为开放类、有条件开放类、管控类。

五型：按飞行安全风险，以重量为主要指标，结合高度、速度、无线电发射功率、空域保持能力等性能指标，将民用无人机分为微型、轻型、小型、中型、大型。

微型无人机：空机质量小于 0.25 kg，设计性能同时满足飞行真高不超过 50 m、最大飞行速度不超过 40 km/h、无线电发射设备符合微功率短距离无线电发射设备技术要求的遥控驾驶航空器。

轻型无人机：满足空机质量不超过 4 kg，最大起飞重量不超过 7 kg，最大飞行速度不超过 100 km/h，具备符合空域管理要求的空域保持能力和可靠被监视能力的遥控驾驶航空器，但不包括微型无人机。

小型无人机：空机质量不超过 15 kg 或者最大起飞重量不超过 25 kg 的无人机，但不包括微型、轻型无人机。

中型无人机：最大起飞重量超过 25 kg 但不超过 150 kg，且空机质量超过 15 kg 的无人机。

大型无人机：最大起飞重量超过 150 kg 的无人机。

二、军用无人机分类

军用无人机又分为信息支援、信息对抗、火力打击三大类。其中信息支援类无人机包括侦察监视、信号情报、目标指示、毁伤评估、预警探测、地形测绘、核生化/辐射和爆炸物侦测、水文监测、气象探测、作战搜索救援、通信中继、信息组网等类型无人机；信息对抗类无人机包括电子对抗（含电子侦察、电子防护、电子攻击）、网络战、诱饵/欺骗、心理战等类型无人机；火力打击类无人机包括时敏目标打击、对地攻击、制空作战、反潜/反舰、地雷/水雷探测、反水雷、防空反导等类型无人机。

军用无人机种类繁多，从手持式“黑黄蜂”到“全球鹰”的 40 m 翼展都有无人机的身影。当前世界上虽然有约 90 个国家的军事武器库拥有无人机，但其中只有 11 个国家拥有武装无人机。

下面将依据用途和大小，介绍一些典型的军用无人机。

1. 微型和纳米无人机

昆虫大小的间谍机器可能是电影中常见的道具，但是它们已经在真实战场上应用了多年。这种无人驾驶飞机最明显的例子是 PD-100“黑黄蜂”（见图 3-2-5），自 2013 年以来，英国士兵便一直在使用这种无人机观察阿富汗动向。这款无人直升机由挪威 Prox Dynamics 公司生产，体积只有一个香烟盒大小，质量 18 g，一次充电可滞空 25 min，而连接至终端的数字数据链路的续航里程则可达 1.6 km。2014 年，该公司升级了夜视和红外线功能。

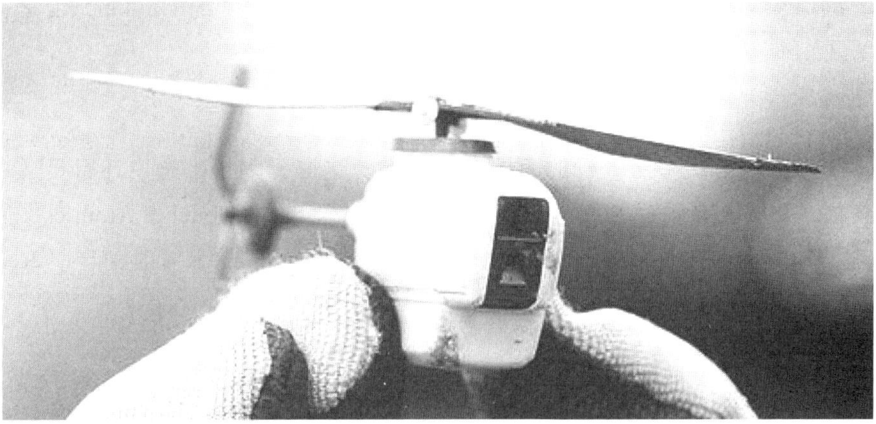

图 3-2-5 PD-100“黑黄蜂”

战斗人员可以从随身携带的安全盒里将其发射出来，并可以通过一个小型手持终端控制这架小型直升机，该手持终端还可以显示来自 3 个摄像头的图像。

2. 小型监视无人机

除了昆虫大小的无人机，还有不少可方便携带的小型监视无人机。典型的有“管鼻鹱”（Fulmar）小型无人机，该机翼展 3 m，质量 20 kg，滞空时间 8 ~ 12 h，航程约 90 km（视其携带的载荷大小而定）。该系列无人机由法国航空航天跨国公司 Thales（泰雷兹）研制，主要用于 ISTAR，即情报、监视、目标获取和侦察。

该级别的另一种代表是德国公司 EMT 制造的“阿拉丁”（Aladin，见图 3-2-6）以及美国公司 AeroVironment 制造的“渡鸦”（Raven）。

图 3-2-6 “阿拉丁”（Aladin）

3. 中型侦察无人机

中型侦察无人机通常可称为 MALE（中空长航时）或 HALE（高空长航时）无人机，主要用于情报、监视、目标获取和侦察。

该类别中的典型无人机代表就是苍鹭，它由以色列航空航天工业（IAI）制造。这种无人机翼展超过 16 m，超过 1 000 kg，可以在 10 000 m 的高度上（与商用客机的飞行高度相同）连续飞行 52 h。苍鹭的用户有美国、加拿大、印度、土耳其、澳大利亚和摩洛哥等国家，主要用于战术和侦察用途。德国的同类产品是 EMT Penzberg 公司制造的“月神”（LUNA）。月神侦察无人机虽然航程较短，仅约 100 km，但是裸机单价比苍鹭便宜得多。

4. 大型察打一体无人机

美国使用的大型战斗无人机的事例广为人知，这些无人机都是由飞行员通过卫星连接在美国本土操作的。其主要代表有美国通用原子公司（General Atomics）制造的“察打一体”中空长航时（MALE）无人机“捕食者”（Predator）和“收割者”（Reaper），如图 3-2-7 和图 3-2-8 所示。

图 3-2-7 “捕食者”（Predator）

图 3-2-8 “收割者”（Reaper）

这种大型察打一体无人机可以装备各种空对空导弹以及激光制导炸弹。以“捕食者”为例，其翼展可达 20 m，重达 2 200 kg，航程超过 1 600 km，最长滞空时间为 14 h，当然售价也不菲，裸机单价约 1 690 万美元。它主要装备在美国，以及英国、西班牙、法国和荷兰等地。

另一款著名的大型察打一体无人机是美国诺斯罗普·格鲁曼公司（Northrop Grumman）制造的“全球鹰”（Global Hawk），如图 3-2-9 所示。这款无人机具有出色的 ISTAR（情报、监视、目标获取和侦察）功能，是迄今为止最大和最昂贵的无人机。它的翼展 40 m，重达 6 800 kg，可在高于民用航线的上空约 18 000 m 的高度上飞行。其裸机单价达到了 1.31 亿美元。该款无人机经常出没于热点冲突地区，除了军事用途，它能够作为中继发射信号和监视信号。

图 3-2-9 “全球鹰”（Global Hawk）

这种大型察打一体无人机的代表还有中国航天科技集团（CASC）生产的 CH 系列无人机和中国航空工业集团生产的翼龙系列无人机。欧洲也在开发自己的“全球鹰”版本，即“欧洲鹰”。

【分析思考】

试着总结一下无人机的尺寸与价格之间的规律，并从无人机使用场景、用途、效费比等角度，思考为何会有如此多种类型的无人机。

项目 3　无人机的现在

任务 1　学习与掌握

一、现役主要无人机的起源

于 1986 年 12 月首飞的先锋系列无人机（见图 3-3-1）可为战术指挥官提供特定目标以及战场的实时画面，执行美国海军“侦察、监视并获取目标”等各项任务。这套无人定位系统的效费比很高，满足了 20 世纪 80 年代美国在冲突热点地区开展低代价无人获取目标信息的需求，并首次投入实战。先锋号现在仍在服役，通过火箭助力起飞，起飞重量约 189 kg，航速约 174 km/h。飞机能够漂浮在水面，可通过海面降落进行回收。

海湾战争中
无人机的应用

图 3-3-1 “先锋 RQ-2A”（1996 年）

1991 年的海湾战争期间，有多种无人机系统参与了实战检验：① 美军的“先锋”系列；② 美军的“敢死蜂”系列；③ 美军的“指针”系列；④ 法军的小型远程遥控侦察机（MART）等。但在此次战争中，无人机并未起到决定性和关键性的作用。无人机是一种有潜力的重要武器系统，但还需要仔细思考无人机“能做什么”。

因此，海湾战争结束后不久，美国国防科学局（DSB）分析了无人机的特点：因为不需要设计复杂的操纵系统和飞行员维生系统，可以做得很轻，体形可以做得更修长，阻力更小，能够飞得更高，续航时间更长；相对有人驾驶飞机而言，无人机在隐身性能方面也更容易获得优势，从而大大提升无人机在高威胁区域执行任务时的生存能力；更重要的是，即使无人机被击落，使用方也不必承受人员损失的风险。并基于此，建议美国政府大力发展三军通用长航时无人机，以解决战场实时监视能力方面的缺失。所谓长航时无人机，是指能在空中连续飞行十几甚至几十小时的无人机，通常在 7 000 ~ 20 000 m 的中高空飞行。

针对上述建议，1993 年 5 月美国国防部公布了无人驾驶飞机（UAV）总体规划，并随后成立了“国防部空中侦察处”，具体规划和监督包括无人机在内的各种航空侦察手段的发展，由美国先进技术发展局（DARPA）和国防部“无人机联合计划办公室”具体负责无人机发展项目的实施和管理。

美国 DARPA 于 1994 年开始实施先进概念技术验证项目（ACTD），旨在研制续航时间长、覆盖范围大、可执行战区和战略侦察任务的一系列无人机，以满足未来作战的需求。这就是“蒂尔计划”。该计划分为顺序的三大子项，即基础型“蒂尔Ⅰ”的“蚋蚊”750 中空长航时无人机、发展型“蒂尔Ⅱ”为原型的“捕食者”中空长航时无人机（见图 3-3-2），以及先进技术概念验证机的“蒂尔Ⅲ”，主要用于隐身等先进技术的验证，即“暗星”无人机。

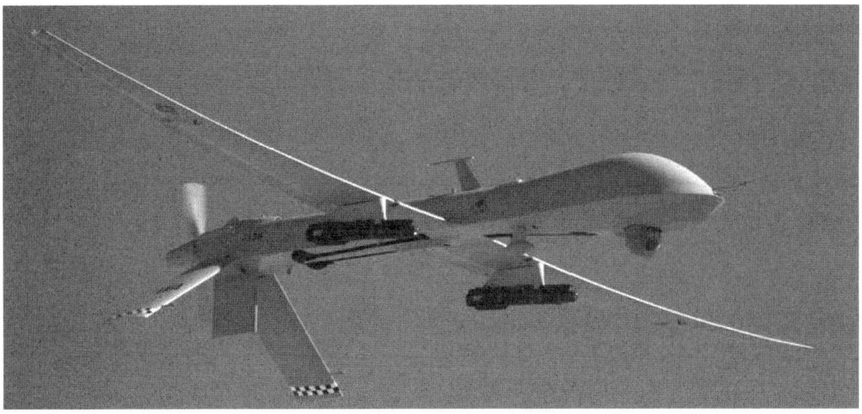

图 3-3-2　RQ-1“捕食者”无人机（1997）

“蒂尔Ⅱ”项目中还提出了一款高空长航时无人机方案，就是后来的“全球鹰”设计方案。该项目的合同总金额为 1.64 亿美元，要求在 31 个月内造出 2 架原型机，以及载荷传感器、地面站控制传感器和软件系统等。每架“全球鹰”原型机的研制费用约为 5100 万美元，堪称无人机发展史上最为昂贵的机型。

【分析思考】

结合所学知识，请回答下列几个问题：

- 1991 年的海湾战争期间，有多种无人机系统参战，这些是否起到了决定性和关键性的作用？为什么？
- 无人机系统有哪些特点？
- 我们应该怎么做才能充分利用无人机系统的这些特点？
- 风靡全球的“捕食者”“全球鹰”等无人机系统是从什么计划酝酿诞生的？

二、21 世纪初军用无人机的发展

由于看到了无人机在海湾战争、科索沃战争、车臣反恐战争等中的成功应用（见表 3-3-1），各军事大国和军事强国纷纷加入了研制符合自己需求的无人机和无人系统的行列。

表 3-3-1　历次参战的无人机完成的主要作战功能

历次战争名称	侦察	欺骗	干扰	监视	中继	对地攻击
1991 年海湾战争	√	√	√	√	√	
1995 年科索沃战争	√	√	√	√	√	
俄罗斯车臣反恐战争	√			√		
2001 年阿富汗战争	√			√	√	√

2001 年“全球鹰”开始研制。“全球鹰”高空飞行器拥有长时间飞行能力。服役美国空军的该类无人机装备了能够开展情报收集、侦察以及监视等功能的综合传感器。全球鹰项目成为航空历史的重大标杆。这是已知的第一架能够不经停直接飞越太平洋的无人机，该无人机在 2006 年 7 月获准在美国领空飞行。图 3-3-3 是在东京展出的一架全球鹰全尺寸模型。

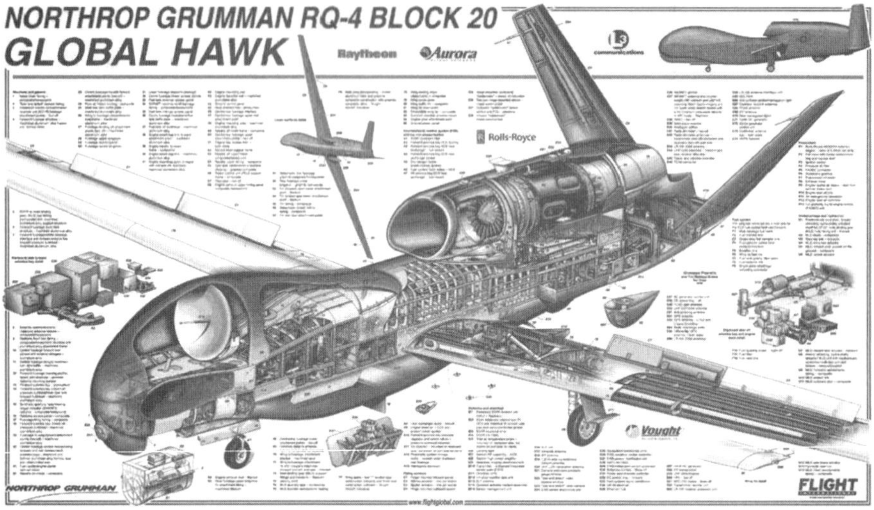

图 3-3-3 “全球鹰”（2001 年）

RQ-7B 幻影-200 是无人机家族中最小的一个（见图 3-3-4），被美国陆军和海军陆战队用于伊拉克和阿富汗战场。该系统能够定位并识别战术指挥中心 125 km 之外的目标，让指挥官的观察、指挥、行动都更加敏捷。

图 3-3-4 RQ-7B 幻影-200（2004 年）

“火力侦察”（Fire Scout）无人直升机能够在任何可以起降飞行器的战舰上自行起飞并且在非预定地点着落，由美国军方于 21 世纪初开发。如图 3-3-5 所示，“火力侦察”直升机正在亚利桑那尤马试验场试射 70 mm 非制导火箭。

图 3-3-5 “火力侦察”无人直升机（2005 年）

由洛克希德马丁公司附属公司臭鼬工厂（Skunk Works）设计并生产的 RQ-170“哨兵”号服役于美国空军，在阿富汗的“持久自由行动”中初次部署，飞行高度经常达到 15 km。2011 年 5 月，RQ-170 参与了巴基斯坦的阿伯塔巴德（Abbottabad）突袭，美军在这里找到并剿杀了奥萨马·本·拉登。2011 年 12 月，一架 RQ-170 被伊朗俘获（见图 3-3-6）。

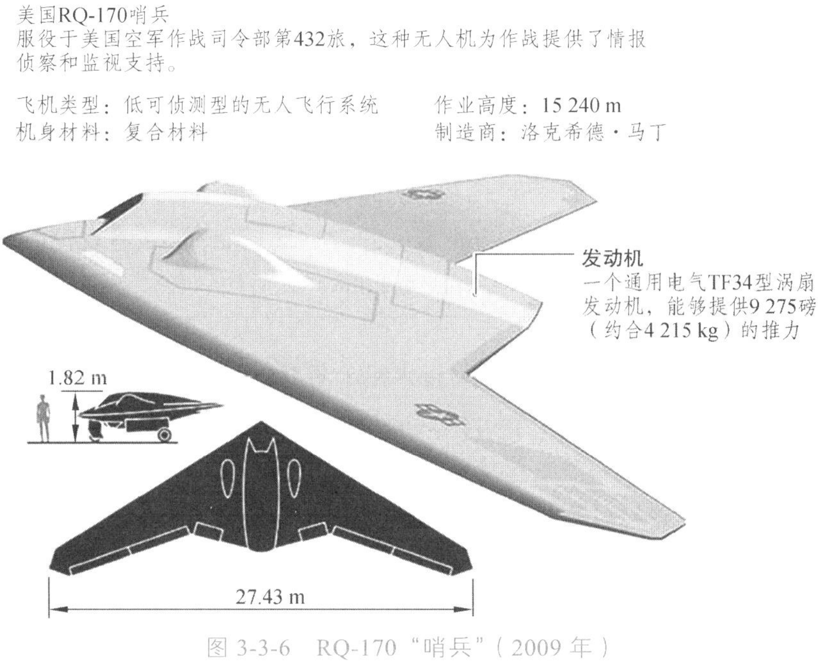

图 3-3-6 RQ-170“哨兵”（2009 年）

三、消费级无人机的发展

现代无人机的核心是高性能的计算芯片、高能量/密度比的大容量电池、高带宽的高速通信链路。2004 年，大规模集成电路主要设计制造商 AMD 提出了多核中央处理器（CPU）的概念，终结了当时误入歧途的高频之争。随之开启了高性能、低功耗、小型化的多核 CPU 之路。多核 CPU 的发展，为现代 3G 通信技术、4G 通信技术的发展以及随之而来的智能手机时代的开启和发展奠定了技术基础。同时，智能手机的迅猛发展，响应人们的时代需求，提供了逐渐成熟的高能量/密度比的大容量电池产品——锂电池。另外，稀土电机的应用，使得高功率密度的小型化电机成为可能，并广泛应用于各类航模制作。复合材料的广泛应用，使得可以制作无人机机身的坚固轻质材料几乎随处可得。当然，无人机最核心的部分——飞行控制技术还需要经验丰富的飞行器控制从业人员才能完美掌握。

2006 年，影响世界民用飞机格局的大疆无人机公司成立，其推出的“Phantom”系列无人机在世界范围内产生了深远影响。其研制的 Phantom 2 vision⁺（见图 3-3-7）还在 2014 年入选了美国《时代》周刊。

图 3-3-7　大疆无人机 phantom 2 vision⁺

这个时候，在席卷全球 IT 社区的代码开源运动，完成了对降低无人机飞行控制技术门槛的最后一击。2005 年，Massimo Banzi、David Cuartielles 等人在意大利交互设计学院合作开发完成了飞控软/硬件作品 Arduino，之后他们公开了其硬件设计文档和相应的飞控源代码。

2009 年，美国加州 3D Robotics 无人机公司成立，并在同年发布了一款由开源 Arduino 发展而来的红色飞控板 Adupilot，之后陆续更新了 APM1、APM2、APM2.5/2.6 三款开源飞控硬件系统。这是一家最初制造和销售 DIY（自制）类遥控飞行器（UAV）相关零部件的公司，该公司在 2014 年推出 X8⁺四轴飞行器，目前已经成长为与中国大疆相媲美的无人机公司。

2014 年，一款用于自拍的无人机 Zano 诞生。该无人机在众筹平台上筹款 340 万美元，获得超过 15 000 人的支持，人们对该款产品充满期待，但由于无法解决无人机量产问题而引发的软硬件调校误差，该公司于 2015 年破产。即便如此，无人机应用在自拍领域的研究仍然会继续下去。

2015 年是无人机飞速发展的一年，各大运营商融资成功，为无人机的发展创造了十分有利的条件，还上线了第一个无人机在线社区——飞兽社区。

四、现代无人机快速发展的缘起

1. 军用技术溢出，成本下降引爆民用市场

战争是无人机发展的头号牵引力，20 世纪末经历三大技术发展浪潮。毫无疑问，无人机发展的初期是为了纯粹的军事用途：第一次世界大战时期，英国研制的第一款无人机被定义为“会飞的炸弹”；第二次世界大战时期，德军已经开始大量应用无人驾驶轰炸机参战；第二次世界大战后无人机研发的中心出现在美国和以色列，用途延伸至战地侦察和情报搜集，无人机被派往朝鲜、越南和海湾战场协助美军和以色列军队作战。正是由于无人机在侦察方面低成本、控制灵活、持续时间长的天然优势，各国军队相继投入大量经费研发无人机系统。无人机技术在 20 世纪末经历了三次发展浪潮，真正进入了第一个“黄金时代”。

1990 年后，全球共有 30 多个国家装备了师级（大型）战术无人机系统，代表机型有美国“猎人”“先驱者”，以色列“侦察兵”“先锋”等。

1993 年后，中高空长航时军用无人机得到迅速发展，以美国“蒂尔”无人机发展计划为代表，在波黑战争中大放异彩。

20 世纪末，旅团级（中小型）固定翼和旋翼战术无人机系统出现，其体积小、价格低、机动性好，标志着无人机进入大规模应用时代。

早期的航空技术解决的是无人机能够飞行的问题，而 20 世纪 80 年代以来现代技术的发展为无人机更高的飞行性能、更好的可靠性提供了条件。

智能化：自主飞控技术、急剧攀升的计算机处理能力推动无人机向智能化发展，真正成为“会思考”的空中机器人。

高速带宽：高速宽带网数据链实现无人机组网和互相联通，无人机编组、空地装备联合成为可能。

更轻的材料和传感器：材料科学和微机电技术进一步减轻了无人机平台重量，提高了精确度。

更强的续航能力：电池续航能力的大幅上升，以及新能源技术赋予无人机更长的飞行时间。

2. 技术向民用外溢，无人机产业化进入普及时代

由于军用无人机在“3D”（Dull，Dirty，Dangerous）环境下执行任务的显著优势以及灵活机动的特性，民用各行各业对无人机的应用也翘首以盼。但相比军用无人机近百年的发展历史，民用无人机在 20 世纪 80 年代军用无人机的现代系统得到大发展的基础上才开始尝试应用，各领域全面开花。

日本的民用无人机开发较早。早在 1983 年雅马哈公司采用摩托车发动机，开发了一种用于喷洒农药的无人直升机，1989 年其成为实际首架成功用于试飞的无人直升机。2002 年，CERP 公司发明了一款 JAXA 多用途民用无人机。2003 年开始，耗时 3 年，岐阜工业协会先后开发了 4 代无人机产品，主要应用于森林防火、地震灾害评估等领域。美国 NASA 牵头成立世界级无人机应用中心。2003 年，美国 NASA 成立世界级的无人机应用中心，专门研究装有高分辨率相机传感器无人机的商业应用。

近年来，美国国家海洋和大气管理局用无人机追踪热带风暴有关数据，借此完善飓风预警模型。2007 年森林大火肆虐时，美国宇航局使用“伊哈纳”（Ikhana）无人机来评估大火的严重程度，以及灾害的损失估算工作。2011 年，墨西哥湾钻井平台爆炸后，艾伦实验室公司的无人机协助进行溢油监测和溢油处理等。

以色列也专门组建了一个民用无人机及其工作模式的试验委员会，2008 年给予“苍鹭”无人机非军事任务执行证书,并与有关部门合作展开多种民用任务的试验飞行。欧洲在 2006 年制定并即刻实施“民用无人机发展路线图”，之后欧盟拟筹建一个泛欧民用无人机协调组织，为解决最关键的空中安全和适航问题提供帮助。

中国无人机起步早，近年发展较快。20 世纪 80 年代，就将自行开发的无人机（脱胎于军用机型）在地图测绘和地质勘探中做了尝试。近些年，专为民用研制的“黔中 1”号无人机于 2010 年顺利首飞；2011 年国产“蜜蜂 28”无人机，可全自主起飞、着陆、悬停和航路规划，能应用于农业喷洒、电力巡检、防灾应急、航拍测绘、中继通信等。

对于民用领域，无人机仅仅是一个飞行平台，其功能归根到底是要通过机载系统中的任务载荷设备来完成。

3. 硬件产业链成熟、成本下降为工业级与消费无人机爆发创造条件

近十年工业级和消费级无人机市场的兴起，与硬件产业链的成熟、成本曲线不断下降密不可分。随着移动终端的兴起，芯片、电池、惯性传感器、通信技术等产业链迅速成熟，成本下降，使智能化进程得以迅速向更加小型化、低功耗的设备迈进。这也给无人机整体硬件的迅速创新和成本下降创造了良好条件。

芯片：目前一个高性能 FPGA（现场可编程门阵列）芯片就可以在无人机上实现双 CPU 的功能，以满足导航传感器的信息融合，实现无人飞行器的最优控制。

惯性传感器：伴随着苹果在 iPhone 上大量应用加速计、陀螺仪、地磁传感器等，MEMS（微机电系统）惯性传感器从 2011 年开始大规模兴起，6 轴、9 轴的惯性传感器也逐渐取代了单个传感器，成本和功耗进一步降低，成本仅为几美元。另外 GPS 芯片仅重 0.3 g，价格不到 5 美元。

Wi-Fi 等无线通信：Wi-Fi 等通信芯片用于控制和传输图像信息，通信传输速度和质量已经可以充分满足几百米的传输需求。

电池：电池能量密度不断增加，使得无人机在保持较轻的质量下，续航时间能有 25 ~ 30 min，达到可以满足一些基本应用的程度；此外，太阳能电池技术使得高海拔无人机可持续飞行一周甚至更长时间。

相机：近年来移动终端同样促进了高像素摄像头性能的急剧提升和成本下降。

4. 飞控系统开源，无人机飞入寻常百姓家

如果说硬件成本下降解决了无人机“身体”的问题，近年来飞控系统开源化的趋势解决了无人机“大脑”的问题，从此无人机不再是军用和科研机构的专利，全世界的商业企业和爱好者都加入了无人机系统设计的大潮中，这是引爆民用和消费无人机市场的“爆点”。

德国 MK 公司是多旋翼无人机系统开源的鼻祖，其后 2011 年美国 APM 公司开放无人机设计平台，彻底点燃了市场对无人机系统开发的热情，2012 年以后民用和消费无人机进入了加速上行的通道。

至今，国际无人机行业已经形成了 APM（用户最多）、德国 MK（最早的开源系统）、Paparazzi（稳定性高、扩展性强）、PX4 和 MWC（兼容性强）等五大无人机开源平台。以始于 2003 年的 Paparazzi 为例，它是一个软硬件全开源的系统，至今已经形成了不仅覆盖传感器、GPS、自动驾驶软件，同时覆盖地面设备的全套成熟解决方案，既可以驱动固定翼飞机，也可以驱动旋翼机，并且可以通过地面控制软件实时监控飞机飞行的卫星地图。可以说，强大的开源飞控系统已经使得无人机全面进入“用户友好”时代。

2014 年 10 月，著名计算机开源系统公司 Linux 推出了名为“Dronecode”的无人机开源系统合作项目，将 3D Robotics、英特尔、高通、百度等科技巨头纳入项目组，旨在为无人机开发者提供所需要的资源、工具和技术支持，加快无人机和机器人领域的发展。根据 Teal 航空市场调研公司的报告，Dronecode 项目使未来十年世界无人机研发、测试和评估等活动的总值达到 910 亿美元。Dronecode 开发界面囊括了无人越野车、无人固定翼飞机、无人直升机和各种多轴旋翼无人机等，吸收了 APM、PX4 等多个平台，进一步推动了系统开发的可视化和友好化。

5. 无人机相关政策法规逐步完善，无人机应用进入快车道

中国无人机相关政策：2009 年前，无人机处于无监管的空白状态。2009 年以后，开始进入持证飞行阶段，但是法律法规和监管执行尚未完善和正规化，实际申请操作上模糊不清。2017 年以来国家密集出台了一系列政策，无人机生产销售、运营逐步规范。2019 年 6 月，中国民航局《民用无人机产品适航审定管理程序（试行）》和《民用无人机系统适航审定项目风险评估指南（试行）》的正式实施，无人机适航进入规范管理。

美国无人机相关政策：2015 年 2 月 15 日，美国联邦航空管理局公布了无人机商转管理办法草案。这项新规打破了之前全面禁飞的局面。

这份规则主要适用于质量 25 kg 以下的无人机，主要限定如下：

飞行时间、高度、速度、搭载限制：它限定无人机只能在白天飞行，且全程都必须保持在操作人员的视线范围内，飞行高度不得超过 150 m，速度不得超过 160 km/h。不得从人头顶上飞过，不得从无人机上扔东西，机体外侧不得搭挂包裹。

飞行路线、地点限制：无人机都必须避开飞机飞行路线和飞行限制区，必须严格遵守相关临时限飞令。无人飞机应避开人驾驶的飞机机场至少 8 km。无人飞机飞行时，应始终维持于无线电操作者视界以内。

驾驶员资格要求：无人机操作人员至少满 17 岁，需考取美国联邦航空局无人机操作人员资格证书，并且通过 TSA（美国运输安全管理局）的审查要求。

另外，关于航模爱好者的模型无人机，则仍然与之前一样不受限制，只要不妨碍空中交通即可。

欧洲无人机相关政策：欧洲法规 2008 第 216 号监管着所有整机质量超过 150 kg 的无人机。无人机的设计和生产也必须与常规飞机一样遵循相关的认证规范（该规范由 EuroUSC 公司主导，该公司获得民航局的授权，实施轻型无人机计划），并且必须获得适航认证或准飞许可。在英国，整机质量在 20 ~ 150 kg 的无人机需要具有英国法律下的适航性资质。如果飞行器在半径 500 m 和低于 120 m 的范围或者在隔离的飞行区域内，并且无人机与该飞行有一定的适航性保证，英国民航局可以豁免适航性认证的需求。英国民航局也会在自己调查和被推荐的基础上颁发豁免权，当前仅有一家组织获得了此项许可。整机质量 20 kg 以下的无人机并不需要遵从很多主要政策要求，但是领航法第 98 号文中设立了一些条件。这些条件包括禁止在管制区域或者飞机场附近飞行，除非获得空管局的许可；最大高度 120 m；禁止在没有英国民航局特别许可的情况下高空作业。目前，英国航空法中操控无人机并不需要认证飞行员执照。但是英国民航局要求所有潜在无人机操控者都具备飞行资质。飞行资质可以通过完成指定课程获得，并有四家认证机构运营着培训与考试。

任务 2　知识拓展

一、复合材料技术

1. 复合材料的特点

复合材料是指由至少两种组分组合而成的异质材料，一般而言，比传统材料更加坚固、轻盈，因此在很多领域都有潜在应用。

复合材料的种类繁多，其中层状复合材料比较常见，广泛应用于飞机、航天器、风力发电机、汽车、船舶、建筑物和安全设备等领域。常见的层状复合材料有纤维增强塑料、层合板和夹心板。甚至，还有一些行业正在开发智能复合材料，这些材料可能具有传感、驱动、计算、通信以及其他功能。

2. 复合材料的类型

复合材料的分类方法有许多种，根据组分类型（即基质和增强材料）可以将复合材料分为以下几类：聚合物基复合材料（PMC）、金属基复合材料（MMC）、陶瓷基复合材料（CMC）、碳和石墨基复合材料（CGMC）。

根据增强材料的形状，可以将复合材料分为纤维、晶须和微粒，如图 3-3-8 所示。

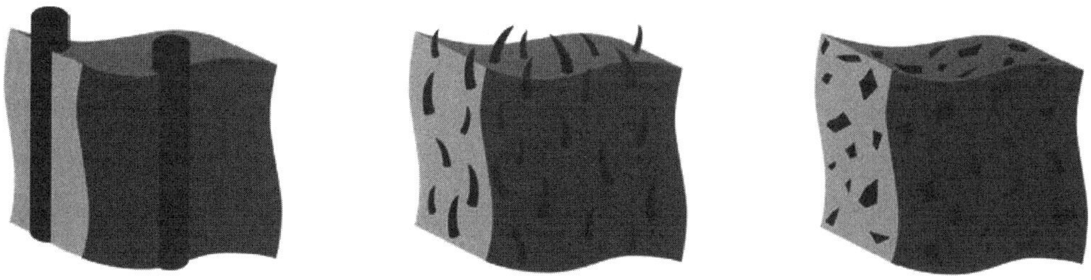

图 3-3-8　纤维、晶须和微粒复合材料

3. 使用复合材料的优势和面临的挑战

与传统金属材料相比，复合材料具有许多优点：

（1）高强度质量比。

（2）高抗疲劳性和抗腐蚀性。

（3）增强摩擦和磨损性。

（4）低导热系数和低热膨胀系数。

（5）能够调整材料属性以满足设计要求。

复合材料是人造材料，因此使用这些材料还面临一些挑战。例如，原材料和制造成本高，难以重复使用和处置，组件连接性差以及各种类型的失效模式等。此外，复合材料还包括各向异性材料，因此难以分析；同时由于复合材料的使用时间不够长，在许多重要应用场合缺少足够的历史数据和检验检测规范，这些都限制了复合材料应用的进一步推广。

4. 应用领域

可以充分利用复合材料优点的行业应用领域有：飞机（如机翼和机身）、防御（如坦克和潜艇）、风力发电机（如叶片）、建筑物和构造（如门、面板、框架和桥梁）、化学工程（如压力容器、储罐、管道和反应堆）、汽车和运输工具（如自行车和汽车零部件）、海洋和铁路运输（如船体和铁路部件）、消费品和体育用品（如网球拍和高尔夫球杆）、电子产品（如配电支柱和接线盒）、骨科辅助工具（如关节固定支架等）、安全设备（如安全头盔、防弹衣等）。

5. 纤维增强塑料

目前，纤维增强塑料（Fiber-Reinforced Plastics，FRP）是一种得到广泛应用的复合材料。这种材料通常由充当主要负载成分的纤维和支撑并转移负载的基质（或树脂）组成。纤维按照指定的方向排列在材料的每一层（或薄层）。许多这样的薄片堆叠在一起可以形成用于构建结构部件的层压复合材料。工业用纤维通常由碳、玻璃、芳纶或玄武岩制成。根据纤维材料的类型，目前业界最常用的两种纤维增强塑料是碳纤维增强塑料（Carbon-Fiber-Reinforced Plastics，CFRP）和玻璃纤维增强塑料（Glass-Fiber-Reinforced Plastics，GFRP），也称为纤维玻璃。

6. 层合板的类型

复合层压材料是指由两个或多个单向层、板层、薄片按照指定的方式，以统一或变化的纤维取向堆叠而成。薄片可以由相同或不同的材料制成，并且可以具有各自的厚度。堆叠序列是由相对于层坐标系第一个轴的每层纤维的取向定义的，如图 3-3-9 所示。

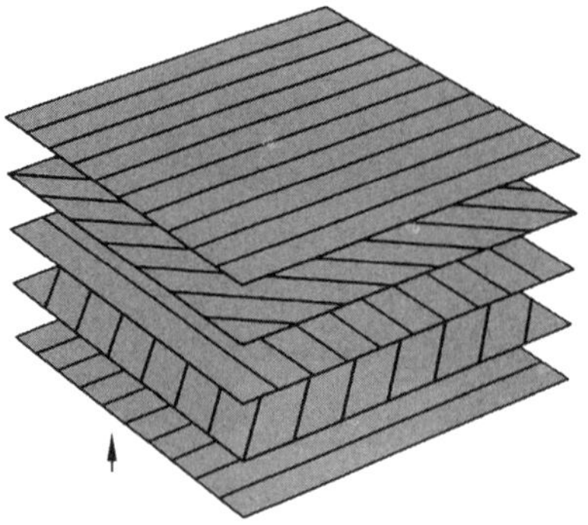

图 3-3-9　一种反对称均衡层合板的堆叠序列

复合材料层合板根据堆叠顺序可以分为斜角层合板（如 45°/30°/ – 45°/ – 30°）、交叉层合板（如 0°/90°/0°/90°）、平衡层合板（如 0°/45°/90°/ – 45°）、对称层合板（如 45°/30°/30°/45°）、反对称层合板（如 45°/30°/ – 30°/ – 45°）。

复合材料层合板的力学性能可以随着纤维、板层和层合板的几何比例不同而变化。

当前，我国复合材料品种及其制造技术的发展方向主要有：先进复合材料技术；考虑工艺的复合材料设计技术；结构预诊断与健康管理技术；智能通信结构技术；结构拓扑优化技术。

二、自动控制技术

自动控制技术是人类文明的重要组成部分，是人类利用工具为自己服务的一次升华。从远古时期的漏壶计时，到公元前的水利枢纽工程；从中世纪的钟摆、天文望远镜，到工业革命的蒸汽机；从近代百年前的飞机、汽车和电话，到电子放大器、模拟计算机；从第二次世界大战期间的雷达、火炮防空网，到 20 世纪 50—60 年代的卫星、导弹和数字计算机；从冷战时代的登月飞船，到现代的航天飞机、宇宙和星球探测器。这些科技的发明和发展直接催生和促进了自动控制技术的发展。源于实践，服务于实践，在实践中升华，经过千百年的提炼，尤其是近半个世纪工业实践的普遍应用，自动控制技术已经成为人们在日常生活中不可或缺的部分。

自动控制是指在没有人直接参与的情况下，利用外加的设备或装置，使机器、设备或生产过程的某个工作状态和参数自动地按照预定的规律运行。自动控制技术是控制理论实现应用的技术，是通过具有一定控制功能的自动控制系统，来完成某种控制任务，保证某个过程按照预想进行，或者实现某个预设的目标。

自动控制系统可能是没有传感器（检测装置）的设备，而是按照固定的某个程序不加检测地执行，例如日常生活中的交通红绿灯控制、上下课打铃等。这种没有传感器（检测装置）的控制系统，我们把它称为开环控制系统。

另一种是有传感器（监测装置）的设备，我们把它称为闭环控制系统。它是由一个控制器和一个控制对象组成，通过传感器（检测装置）把控制对象的输出信号获取回来，然后与所要求的信号进行比较（比较装置）。比较得到两个信号的差值（偏差）

后，将这个差值传送给控制器，控制器再根据这个差值生成一个控制信号（综合计算装置），经过放大器放大后又送回给控制对象。简单来讲，自动控制系统就是利用控制器完成这个控制作用，使得控制对象的输出跟踪所给定的信号（即消除偏差）。控制对象的输出量一般来说都是一个物理量，比如要控制无人机的飞行速度，就需要把无人机当前的速度测量出来，并与给定的飞行速度进行比较得到速度偏差，通过使得速度偏差为零来实现对该无人机飞行速度的控制。

自动控制技术的发展史一般分为早期控制、经典控制、现代控制和智能控制四个阶段。

1. 早期控制

早在古代，劳动人民就凭借生产实践中积累的丰富经验和对测量反馈的直观认识，发明了许多闪烁控制理论智慧火花的杰作。例如，公元前 1400 至公元前 1100 年，中国、埃及和巴比伦相继出现了可自动计时的漏壶（见图 3-3-10）。公元前 300 年左右，李冰父子主持修筑的都江堰水利工程，使用鱼嘴分水堤可根据岷江流量的大小，自动调节进入内江、外江的水量，完美地解决了内江灌区冬春季枯水期农田用水和人民生活用水的需要以及夏秋季洪水期的防涝问题，是自动控制原理的典型实践（见图 3-3-11）。1788 年，瓦特发明了飞球调速器，用来控制蒸汽机的转速（见图 3-3-12）。1903 年，莱特兄弟发明的扭曲机翼（等效的升降舵、方向舵和副翼）来控制固定翼飞机的飞行姿态。

图 3-3-10　计时漏壶

图 3-3-11　都江堰水利工程

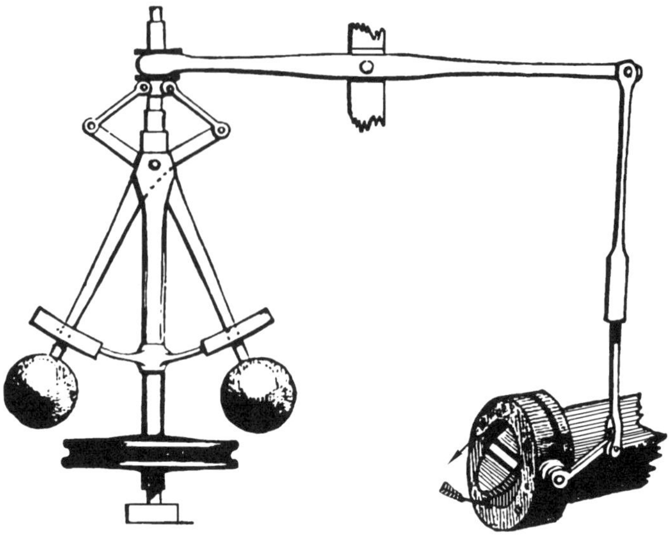

图 3-3-12 飞球调速器

2. 经典控制

从 20 世纪初开始，经典控制理论使科技水平出现了巨大的飞跃，工业、农业、交通及国防的各个领域都广泛采用了自动化技术。第二次世界大战期间，反馈控制被广泛用于飞机自动驾驶仪、火炮定位系统、雷达天线控制系统以及其他军用系统。这些系统的复杂性和对快速跟踪、精确控制的高性能追求，迫切要求拓展已有的控制技术。同时，还促进了对非线性系统、采样系统以及随机控制系统的研究。可以说工业革命和战争促使了经典控制理论的发展。

3. 现代控制

20 世纪 50 年代中期，科学技术的发展，特别是空间技术的发展，迫切要求解决更复杂的多变量系统、非线性系统的最优控制问题（如火箭和宇航器的导航、跟踪和着陆过程中的高精度、低消耗控制、到达目标的控制时间最小等问题）。实践的需求推动了控制理论的进步，计算机技术的发展也从计算手段上为控制理论的发展提供了条件。适合描述航天器的运动规律，又便于计算机求解的状态空间模型成为主要的模型形式。因此，20 世纪 60 年代产生的现代控制理论是以状态变量概念为基础，利用现代数学方法和计算机来分析、综合复杂控制系统的新理论，适用于多输入、多输出、时变的、非线性系统。

现代控制理论主要利用计算机作为系统建模、分析、设计乃至控制的手段，适用于多变量、非线性、时变系统。它在本质上是一种“时域法”，但并不是对经典频域法的从频率域回到时间域的简单再回归，而是立足于新的分析方法，有新目标的新理论。

现代控制理论研究内容非常广泛，主要包括三个基本内容：多变量线性系统理论、最优控制理论以及最优估计与系统辨识理论，从理论上解决了系统的能控性、能观测性、稳定性以及许多复杂系统的控制问题。

4. 智能控制

智能控制是具有智能信息处理、智能信息反馈和智能控制决策的控制方式，是控制理论发展的高级阶段，主要用来解决那些用传统方法难以解决的复杂系统的控制问题。智能控制研究对象的主要特点是具有不确定性的数学模型、高度的非线性和复杂的任务要求。

智能控制的思想出现于20世纪60年代。当时，学习控制的研究十分活跃，并获得较好的应用。如自学习和自适应方法被开发出来，用于解决控制系统的随机特性问题和模型未知问题。

智能控制以控制理论、计算机科学、人工智能、运筹学等学科为基础，扩展了相关的理论和技术，其中应用较多的有模糊逻辑、神经网络、专家系统、遗传算法等理论，以及自适应控制、自组织控制和自学习控制等技术。

专家系统是利用专家知识对专门的或困难的问题进行描述的控制系统。尽管专家系统在解决复杂的高级推理中获得了较为成功的应用，但是专家系统的实际应用相对还是比较少的。

模糊逻辑用模糊语言描述系统，既可以描述应用系统的定量模型，也可以描述其定性模型。模糊逻辑可适用于任意复杂的对象控制。

遗传算法作为一种非确定的拟自然随机优化工具，具有并行计算、快速寻找全局最优解等特点，它可以和其他技术混合使用，用于智能控制的参数、结构或环境的最优控制。

神经网络是利用大量的神经元，按一定的拓扑结构进行学习和调整的自适应控制方法。它能表示出丰富的特性，具体包括并行计算、分布存储、可变结构、高度容错、非线性运算、自我组织、学习或自学习。这些特性是人们长期追求和期望的系统特性。神经网络在智能控制的参数、结构或环境的自适应、自组织、自学习等控制方面具有独特的能力。

智能控制的相关技术与控制方式结合，或综合交叉结合，构成风格和功能各异的智能控制系统和智能控制器，这也是智能控制技术方法的一个主要特点。

智能控制与传统控制的主要区别在于传统的控制方法必须依赖于被控制对象的模型，而智能控制可以解决非模型化系统的控制问题。与传统控制相比，智能控制具有以下基本特点：

（1）智能控制的核心是高层控制，能对复杂系统（如非线性、快时变、复杂多变量、环境扰动等）进行有效的全局控制，实现广义问题求解，并具有较强的容错能力。

（2）智能控制系统能以知识表示的非数学广义模型和以数学表示的混合控制过程，采用开闭环控制和定性决策及定量控制结合的多模态控制方式。

（3）其基本目的是从系统的功能和整体优化的角度来分析和综合系统，以实现预定的目标。智能控制系统具有变结构特点，能全局自寻优，具有自适应、自组织、自学习和自协调能力。

（4）智能控制系统具有足够的关于人的控制策略、被控对象和环境的有关知识以及运用这些知识的能力。

（5）智能控制系统有补偿及自修复能力和判断决策能力。

三、通信技术

通信技术，又称通信工程（也作信息工程、电信工程，旧称远距离通信工程、弱电工程），是电子工程的重要分支，主要研究以电磁波、声波或光波的形式把信息通过电脉冲，从发送端（信源）传输到一个或多个接收端（信宿）的技术原理和实现方法。接收端能否正确辨认信息，取决于传输中的损耗功率高低。信号处理是通信工程中一个重要环节，包括过滤、编码和解码等。它是地面指挥人员实现对无人机遥控与指挥的基础技术，是无人机数据链的关键核心技术之一。

无人机需要通过通信技术将机载任务传感器在前方所获取的侦察信息、视频图像等传回地面控制站。这些侦察信息又可分为图像侦察信息和电子侦察信息两种。图像侦察信息的信号形式因图像传感器类型有所区别，有电视摄像机的模拟或数字电视信号，有成像雷达或行扫式摄像机的图片数据信号。电子侦察信息则是带限模拟信号。

信息传输是无人机系统完成侦察任务的关键。传输质量的好坏直接关系到发现和识别目标的能力。侦察信息要求有比遥控和遥测数据高得多的传输带宽（一般要几兆赫，最高的可达几十兆赫，甚至上百兆赫）。因此，视频侦察信息传输往往是无人机无线通信最困难的部分。

同时，通信技术也是无人机最后能否完成情报、监视、目标获取和侦察任务的最终技术基础。如图 3-3-13 所示，除了信息传输功能外，通信技术还是无人机系统实现下述功能的基础：

① 对无人机及机载任务设备的遥控；

② 对无人机及机载设备的遥测；

③ 对无人机的跟踪定位。

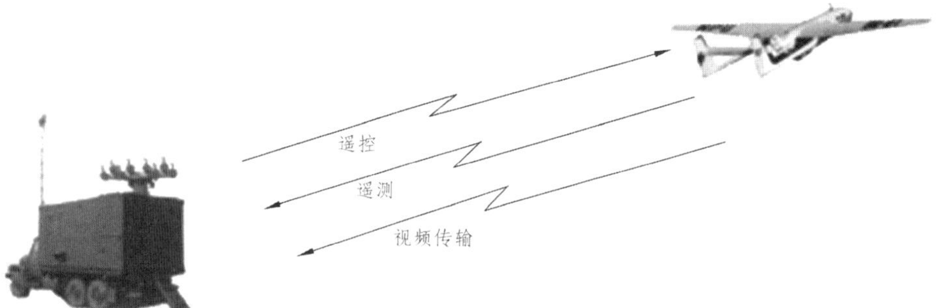

图 3-3-13 视距内无人机系统通信技术

1. 通信设备

实现无人机通信的设备，称为无人机数据链系统。它包括机载设备和地面设备两大部分。其中，机载设备也称机载数据终端，包括机载天线、遥控接收机、遥测发射机、视频发射机和终端处理机等；地面设备包括由天线、遥控发射机、遥测接收机、视频接收机和终端处理机构成的测控站数据终端，以及操纵和监视设备，如图 3-3-14 所示。

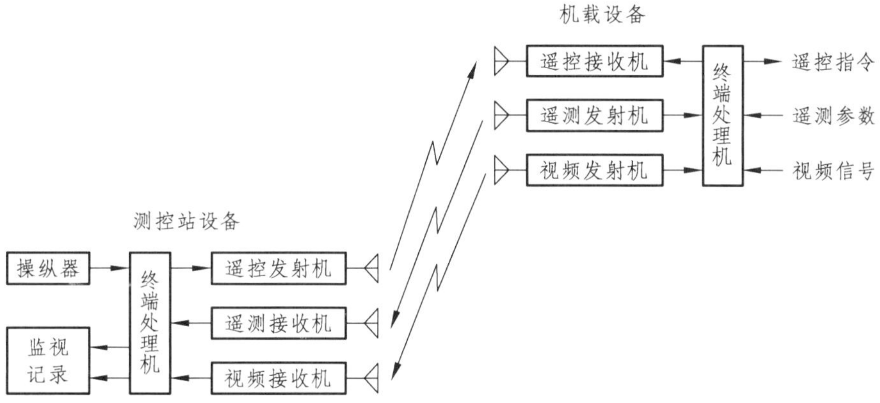

图 3-3-14　无人机数据链基本组成

测控站的终端处理机完成遥控指令的编码和基带调制、遥测数据的基带解调和解码，以及测距信号的形成和距离数据的产生。

机载终端处理机完成遥控数据的基带解调和解码、遥测数据的编码和基带调制，以及测距信号的同步。

终端处理机是用于完成接收机输入和发射机输出基带信号的变换和处理装置。接收机包括遥控接收机、遥测接收机、视频接收机；发射机包括遥控发射机、遥测发射机、视频发射机。

2. 无人机数据链

无人机数据链是一个双向传输能力不对称的数据链，上行链路主要传送控制指令等信息，传输速率要求相对较低，但要求具有强的安全保密和抗干扰能力；下行链路主要传送前方情报信息，要求传输速率高，具有好的抗截获性；同时通过测距和测角实现对无人机的辅助定位功能。

随着无人机数据链技术的不断发展，以及在标准化、通用化方面的不断完善，无人机数据链已逐渐发展成为一种情报、监视与侦察（ISR）和指挥控制（C2）结合的综合数据链。

3. 综合系统

遥控、遥测和视频传输使用三个独立的信道是最基本的理论方案。无人机系统往往对设备的规模和成本有特殊的要求，复杂的系统必然给设备（特别是天线）小型化和机动性造成困难。为了简化系统，可以根据需要和可能，对信道进行不同程度的综合，构成不同形式的综合系统。

（1）遥控与遥测共用天线

当遥控和遥测的载波频段比较接近时，采用遥控与遥测共用天线方案以减少天线个数。

（2）视频与遥测共用天线

当视频传输和遥测的载波频段比较接近时，采用视频传输与遥测共用天线方案，以减少天线个数。

（3）视频与遥测共用信道

视频传输与遥测都是下行传输，采用两个信道分开方案虽然有利于根据各自的特点选择信道和更新设备，但是使用两套设备显然比较复杂。采用视频传输信道与遥测信道共用方案，可以简化系统。

无人机系统的机载天线一般采用小型的全向天线。测控站天线一般采用定向天线，但是若与无人机距离较近，会出现传输信号频段较低或传输速率较低的情况。为了提高任务可靠性，也可能同时安装定向天线和全向天线。

采用全向天线适合于广播式传输，采用定向天线则有利于增加信号强度（信号的电压值）和提高抗干扰、抗截获能力。

定向天线的跟踪方式有数字引导跟踪和自跟踪。机载定向天线一般采用数字引导跟踪，只有在少数有特殊要求的系统中可采用自跟踪方式。测控站天线则一般采用自跟踪，只有少数简易系统采用数字引导跟踪方式。在某些系统中也可以将数字引导跟踪作为自跟踪的备用方式。

4. 余度系统

为了提高系统的任务可靠性，大中型无人机往往会增加无线信道的余度。一般，遥控信道采用双余度方案。即增设 1 个遥控备用信道。备用信道一般采用频率较低的频段和较宽波束的天线（往往是全向天线），甚至采用不同的调制体制。

5. 地面中继

当地面测控站与无人机之间由于地形阻挡而不能实现无线电通视时，就需要在无人机和地面测控站都能通视的地方设置一个地面中继站，用于实现转发无人机和地面测控站间传送的信息，如图 3-3-15 所示。

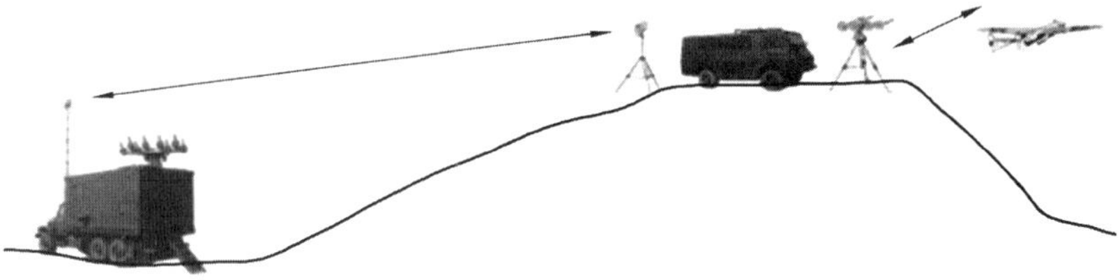

图 3-3-15　地面中继无人机通信系统

以地面中继方式克服地形阻挡的这套系统，称为地面中继无人机数据链。它由机载设备、地面中继设备和地面测控站设备组成。地面测控站与地面中继站之间的数据链路，可以与地空视距链路共用（但有工作频率区分），也可以单独设置中继专用链路。

中继站可以与地面测控站相同规模，也可以是具有更好机动性的小型站，便于布置在地形较高的位置。地面中继站设备实际上是在 1 个地面测控站上增配中继收发设备。测控站的定向天线一般带有一定高度的升降杆（以便保证足够的中继视距），可以采用手动调节指向，保证两站之间天线互相对准。

6. 空中中继

当地面测控站与无人机之间由于地形阻挡或距离太远而不能实现无线电通视时，将中继站设置到 1 个无人机和地面测控站都能通视的空中平台上，就实现了空中中继测控与信息传输，如图 3-3-16 所示。空中中继平台可以是无人机、有人机，也可以是飞艇或者热气球等。

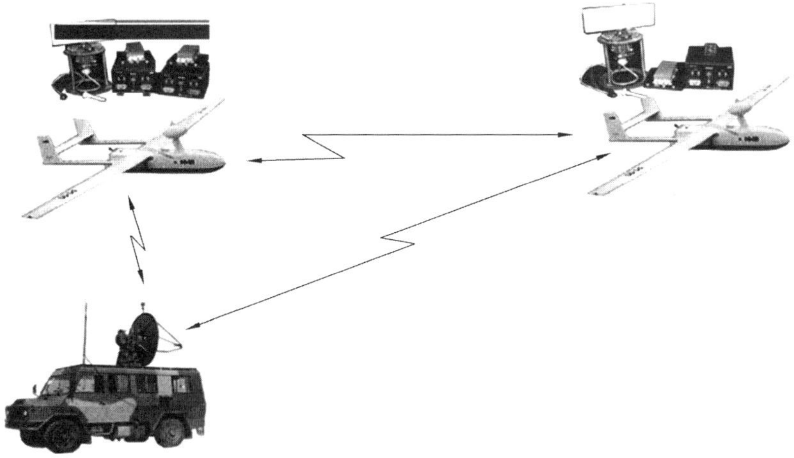

图 3-3-16　空中中继的无人机系统通信技术

7. 卫星中继

当地面测控站与无人机之间的距离太远而空中中继不能实现或者成本太高时，还可以通过卫星完成测控与信息传输任务，这就是卫星中继，如图 3-3-17 所示。它是延伸作用距离，实现无人机超视距远距离控制的最有效方式。

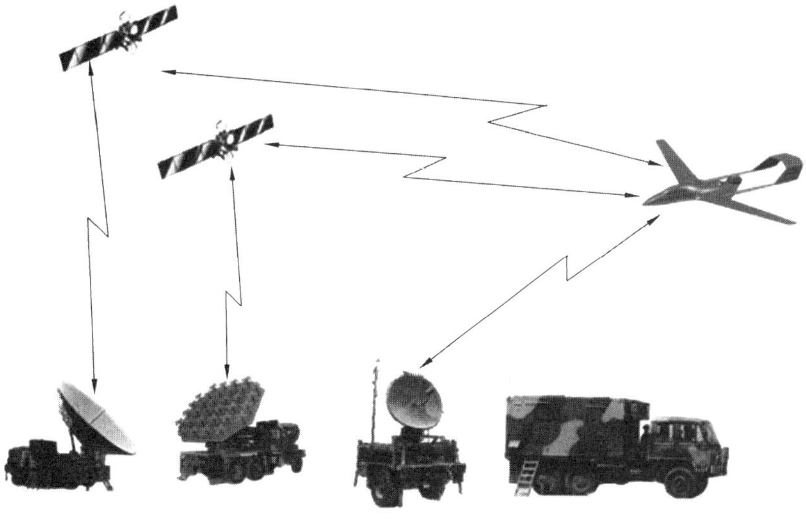

图 3-3-17　卫星中继的无人机系统通信技术

用于中继平台的卫星一般是地球同步卫星，它具有传输容量大、覆盖范围宽、连续性好的特点，但需要无人机上安装一定尺寸的跟踪天线，一般只适合于大型无人机使用。采用近地轨道卫星组成多卫星作为中继平台，也可供小型无人机实现卫星中继，但存在传输容量小的限制。

8. 多目标测控

无人机蜂群战术可能成为未来的研究热点，但这需要 1 个地面控制站实现对无人机蜂群即多架无人机的测控与信息传输。这里的“多目标”就是指多架受控的无人机。

由 1 个测控站（或经中继站）同时对多架无人机进行连续测控与信息传输的关键是解决多目标信道区分。一般而言，上行信道采用广播式地址识别，下行信道则可以使用频分、时分或码分多址技术。图 3-3-18 是无人机多目标测控的原理示意图。

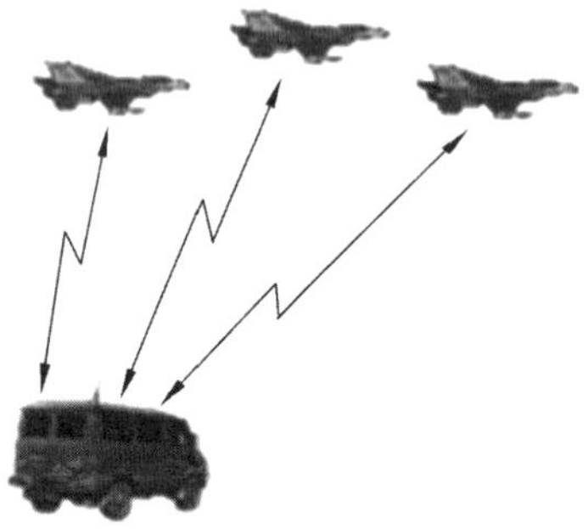

（a）视距多目标

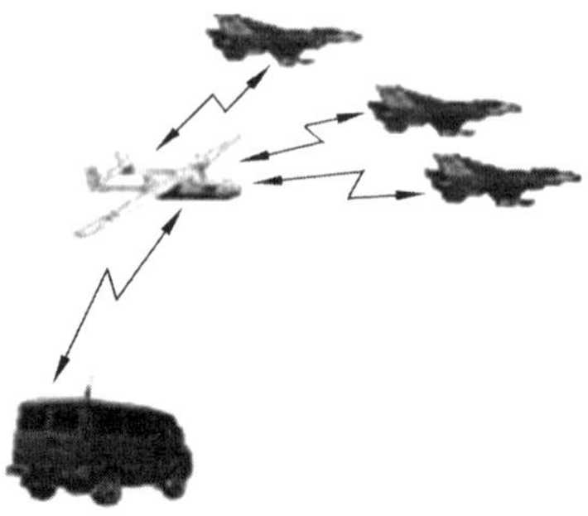

（b）空中中继多目标

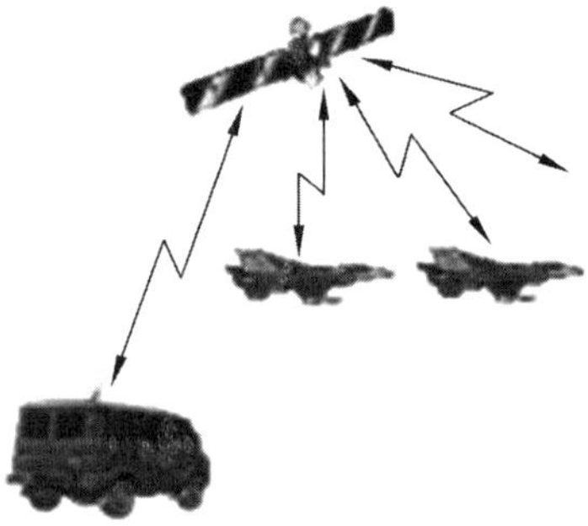

（c）卫星中继多目标

图 3-3-18　多目标测控

四、系统体制

1. 多路测控体制

前面已经讲述，要实现无人机蜂群控制的关键是解决多目标信道区分。其中，信道区分的技术是多路信号复用。多路信号复用体制有频分多路、时分多路和码分多路等。

（1）频分多路是以不同频率区分各路信号。

（2）时分多路是以不同时间区间区分各路信号。

（3）码分多路是以不同码型区分各路信号。

随着无人机系统机载设备处理能力的提高，时分多路的优越性越来越明显。因此，现代无人机系统中几乎都采用时分多路体制，绝大部分无人机系统均采用脉冲编码调制。

2. 多址测控体制

对多架无人机的测控涉及多址体制，常用的多址体制有频分多址（FDMA）、时分多址（TDMA）和码分多址（CDMA）。

（1）频分多址就是以不同的载波频率区分各个用户（测控对象）。它的特点是实时性好，抗干扰能力较强，设备比较简单，但占用带宽较宽。频分多址是一种应用最广泛的多址方式。

（2）时分多址是以不同的时间区间区分各个用户（测控对象）。时间被划分成一连串周期性的时帧，每一帧再分割成若干时隙，然后根据一定的时隙分配原则，给每个用户分配一个时隙。时分多址方式的频谱利用率较高，系统容量也比频分多址方式大，而且保密性也比较好，设备简单，但实时性相对较差。

（3）码分多址是以不同的调制码型区分各个用户（测控对象）。码分多址的特点是实时性好，占用带宽较小，抗干扰、抗截获能力好，但技术相对复杂，且存在远近效应。

3. 图像传输体制

图像传输体制有模拟制和数字制两种。

（1）模拟制图像传输是将模拟图像信号直接对载波进行调制。模拟制图像传输的特点是设备简单，但占用频带宽，不便于加密和抗干扰。

（2）数字制图像传输是先将模拟图像信号数字化并进行数据压缩，再对载波进行调制。数字制图像传输的特点是有利于加密和抗干扰，占用频带也相对较窄，但设备复杂。

4. 调制体制

载波根据调制信号的形式可分模拟式调制和数字式调制。现代无人机测控与信息传输系统中常用的有模拟调频、数字调频和数字调相。

（1）模拟调频是指模拟的基带信号直接对载波进行调频。

（2）数字调频是利用二进制或多进制数字基带信号控制载波频率。

（3）数字调相是利用二进制或多进制数字基带信号控制载波相位。相位调制可以分为绝对移相和相对移相两种，实际应用中多为相对移相。

现代无人机系统的遥控遥测信号一般都是数字编码信号，而任务传感器信息可能是模拟视频信号，也可能是数字编码信号。一般而言，模拟信号采用模拟载波调制，数字信号采用数字式载波调制。

5. 信道综合调制

为了简化设备或节省频谱，无人机数据链通常采用不同程度的信道综合，常用的信道综合体制是“三合一”和“四合一”综合信道体制。

（1）“三合一”综合信道体制是指跟踪定位、遥测和遥控的统一载波体制，而使用另外单独下行信道进行视频信息传输。“三合一”综合信道体制宽带与窄带信道分离，具有一定的优越性。

（2）“四合一”综合信道体制是指跟踪定位、遥测、遥控和信息传输的统一载波体制。“四合一”综合信道体制信道综合程度高，在现代无人机中应用广泛。

6. 测距和测角体制

测距体制主要包括侧音测距、伪码测距及伪码扩频信息帧测距。

（1）侧音测距是利用正弦信号经过目标的往返距离所对应的相位变化来实现测距。其原理简单，但电路复杂，在无人机系统中应用较少。

（2）伪码测距是基于伪随机码信号，具有良好的周期自相关特性，其测距精度取决于码元宽度，无模糊距离随码长增加而成正比增加。采用伪码测距体制有利于实现信道综合和电路数字化，但只适合测距距离不是很大的情况。

（3）伪码扩频信息帧测距是利用信息帧同步作为测距标志，又利用扩频伪码的定时特性。伪码扩频信息帧测距可适应远距离测距。

测角是指测量无人机与测控站的相对角度。跟踪是使测控站定向天线指向无人机。

实现跟踪的方式有手动和自动两大类。手动跟踪多用于早期简易的测控系统，目前只作为一种初始捕获手段。自动跟踪有数字引导和自跟踪两类。自跟踪既是保证信号电平的需要，也是测量无人机与测控站相对角度的基础。目前，常用的自跟踪体制有相位干涉仪和单脉冲体制两种。

7. 抗干扰体制

无人机数据链中常用的抗干扰方法有抗干扰编码、直接序列扩频、跳频和扩跳结合等。

（1）抗干扰编码也即差错控制编码，常用的有检错重发、前向纠错和反馈校验等编码方法，这些差错控制编码方法可以结合使用。

（2）直接序列扩频（简称扩频）是指将数据与选定的扩频码序列进行某种运算后形成宽频带扩频信号的扩频调制方式。直接序列扩频方式具有许多优越性，包括隐蔽性好，抗干扰性强，能抗多径干扰，能精确测距，可以实现码分多址。直接序列扩频的特性参数包括码长和处理增益等。

（3）跳频就是按照某种跳变规律在很宽频带范围内跳变。跳频的特性参数包括频率范围、点频数和跳频速率等。跳频方式具有抗干扰能力强、有抗衰落和多址组网能力等特点。

（4）扩跳结合是指将直接序列扩频和跳频这两种方式组合起来。这种扩跳混合方式兼备直扩与跳频的优点，更难以被侦收、截获，具有更高的抗干扰能力。

项目 4　无人机的未来

任务 1　学习与掌握

随着新技术的快速发展和广泛应用，无人机系统的概念、任务和技术要求都发生了根本性的变化。无人机系统的概念，从空间无人飞行器扩展到临近空间无人飞行器；

无人机系统的任务，从单一的侦察监视领域进入信息对抗、通信中继等领域，正扩展到精确打击、制空作战等领域；无人机系统的技术进一步向自主控制、高生存力、高可靠性、互通互联互操作等方向发展，无人机未来发展呈现如下趋势。

（1）无人机需求从以产品性能需求向以任务能力需求转变。在美国国防部发布的《无人系统综合路线图》中明确了无人机系统所需提供的几类能力：战场预警能力、后勤保障能力、军事运用能力、支持网络中心能力、部队防护能力、军事支援能力、指挥控制能力、形成了基于任务能力的无人机系统需求规划与发展计划。

（2）无人机平台向高空长航时大型化和微小型使用灵活化两极发展。一方面各国均在发展中小型无人机的基础上，向新技术更密集、作战效率更高、覆盖面积更大、生存力更高的高空、高速、长航时大型无人机方向发展；另一方面由于微小型无人机操作简便灵活，具有较强的机动性能和低空飞行优势，随着全球反恐和特种作战任务的需要，各航空强国对微小型无人机的发展十分重视。

（3）无人机任务领域向多样化方向发展。美国国防部发布的《无人系统路线图》中指出：美国已经投入使用及正在发展的无人机系统覆盖了情报、监视与侦察，信息对抗，攻击/时敏目标打击，压制敌方防空力量，海面封锁行动等 21 个任务领域，这是到目前为止对无人机系统可能涉及的任务领域较为全面的阐述。随着无人机技术的发展，无人机的任务领域和功能还将进一步拓展。

（4）无人机高度向临近空间发展。临近空间是航天与航空的空间接合部，是航空技术与航天技术的交叉，一个大有作为的领域。高高空无人机等临近空间装备在对特定区域的持续广域侦察监视、通信中继、导航、电子战、导弹防御、空间对抗等方面有着独特的优势，是陆、海、空、天装备的重要补充力量，已成为世界武器装备发展的焦点领域。

（5）无人机应用从军用领域向民用领域发展。在民用及商用方面，民用无人机主要有两类：多旋翼（multi-copter）和固定翼。多旋翼无人机能够以非常低的速度、非常低的高度在空中悬停和飞行，从而很适合航空摄影、电力线巡查、空中视频和房地产摄影等应用。固定翼无人机适合更高海拔或更广范围的应用，如搜索、救援、营救和测绘较大区域。

经过几年的发展，我国无人机的应用范围已逐步扩大到多个领域，行业级无人机应用范围广泛，发展潜力巨大。无人机制造厂商更加重视“无人机＋行业”的应用前景，无人机作为一种新型的生产工具正在逐步替代传统的作业方式。据有关数据，目前我国行业级无人机在民用无人机中的占比已达 54.3%，成为民用无人机的主体，其增长空间远超消费级无人机。2019 年，我国行业级无人机市场规模约为 114 亿元，同比增长 62.8%。未来一个时期，行业级无人机仍是无人机发展的重点领域，并保持快速增长势头。

随着顺丰、京东、迅蚁等企业无人机物流试点的深入推进和不断完善，无人机在物流领域的应用和作用日益突显，特别是在解决终端配送方面将发挥不可替代的作用。

目前，京东、顺丰等企业都在加强研发大型物流无人机，构建航空物流网络干支对接。未来，随着大型物流无人机在适航、空域、法规等方面的进展，物流无人机将成为行业应用的重点，并大幅降低物流成本，提高物流效率，解决交通不便和边远地区的物流配送问题。

伴随着人工智能、5G 通信等新技术在无人机领域的逐步应用，无人机行业将迎来新的发展机遇。以大疆公司 MK210、M300 无人机为代表的新一代无人机，与人工智能、大数据等新技术的深度融合，使无人机从“自主飞行”逐步升级为“自主思考”。5G 通信技术的普及，将与人工智能、大数据、物联网等新技术一起，极大地推动无人机与无线通信的跨界融合，构成一个全新的、丰富多彩的“网联天空”。推进无人机网络连入蜂窝网络，实现无人机安全飞行，激发更多网联无人机应用，降低无人机运行成本且提升效率和应用体验，为无人机的广泛普及和行业应用注入强大的生命力。

随着大中型复杂无人机广泛应用，无人机产业生态逐渐建构，无人机研制生产运营正逐步分离，专业化无人机运营公司将成为无人机购买及应用的主力军。无人机产业发展初期，由于轻型无人机使用相对简单易学，对使用者入门要求相对较低等原因，无人机企业多是研制、生产、运营一体化，产品多由行业使用者购买。随着中重型无人机的广泛应用，无人机操作要求越来越高，空域申请规范化使用等客观条件使得无人机运营专业化。如顺丰集团成立的丰鸟无人机科技有限公司将专注无人机运营，一批通航公司也以有人加无人的方式转化为专业化无人机运营公司。这将推动无人机产业的分工协作，加快无人机的应用和行业的快速发展。

当今无人机技术能够蓬勃发展，一个重要的原因就是无人机技术能够不断与相关领域的高新技术融合和互动，不断开拓新的前沿领域。目前，特殊布局、变体机翼、先进主动流动控制、一体化设计、多电/全电飞机、射频综合、纳米复合材料、微机电、高超声速飞行与高超声速推进、智能蒙皮与智能结构、特种动力装置等一系列前沿技术正在不断产生新的重大突破，空域与安全问题逐步得到解决，再加之“无人机＋”行业需求快速增长，无人机发展必然更加迅猛。

任务 2　知识拓展

一、人工智能技术

随着计算机芯片处理大规模数据的成本急剧降低以及深度神经网络技术的发展，现在进入了人工智能快速发展的新时代。让机器具备人一样的智能，赋予机器思考和推理的能力，是人类最伟大的梦想之一。早在 1948 年，图灵在《智能机器》一文中就勾勒出了人工智能领域的轮廓。随后，他还设计了一个称为“图灵测试”的思想实验，在很长一段时间内都是业界公认的人工智能判断标准。

1. 人工智能的含义

智能机器本质上是机器智能的物化表现形式。人工智能（Artificial Intelligence,

AI）是研究、开发用于模拟、延伸和扩展人的智能的理论、方法、技术及应用系统的一门技术科学。人工智能为无人系统的发展提供了新的动能，而无人系统是人工智能研究的重要抓手和极佳的验证平台。从智能化水平看，人工智能大体可分为运算智能、感知智能和认知智能 3 个层次。

（1）运算智能即快速计算和记忆存储能力，旨在协助存储和快速处理海量数据，是感知和认知的基础，以科学运算、逻辑处理、统计查询等形式化、规则化运算为核心。在此方面，计算机早已超过人类，但如集合证明、数学符号证明一类的复杂逻辑推理，仍需要人类直觉的辅助。

（2）感知智能即视觉、听觉、触觉等感知能力，旨在让机器“看”懂与“听”懂，并据此辅助人类高效地完成“看”与“听”的相关工作，以图像理解、语音识别、语言翻译为代表。由于深度学习方法的突破和重大进展，感知智能开始逐步趋于实用水平，目前已接近人类。

（3）认知智能即“能理解、会思考”，旨在让机器学会主动思考及行动，以实现全面辅助或替代人类工作，以理解、推理和决策为代表，强调会思考、能决策等。因其综合性更强，更接近人类智能，认知智能研究难度更大，长期以来进展一直比较缓慢。

【课程思政】人工智能的发展趋势

人工智能技术产生于 20 世纪 50 年代。当时世界的科学技术已经进入一个新的发展阶段，信息量急剧增加，信息传递日益加快，人类的自然智能已经无法迅速处理如此巨大数量的信息，于是开始探索通过计算机执行需要使用人的智能才能完成的任务。人工智能发展至今，主要经历了三轮浪潮。

（1）20 世纪 60 年代，人工智能技术主要用于弈棋、定理证明和简单的人工智能专家系统研究。20 世纪 70 年代，随着微型电子计算机技术和集成电路技术的迅猛发展，人工智能专家系统研究进入应用开发阶段。

（2）20 世纪 80 年代以来，人工智能技术得到迅速发展，应用于遗传工程、化学合成、业务管理、石油勘探、法律断案及军事领域中的专家系统相继研制成功。20 世纪 90 年代，人工智能技术发展进入加速阶段，国际商业机器公司（IBM）国际象棋高手“深蓝”战胜了世界冠军加里卡斯·帕罗夫，标志着人工智能技术取得了具有里程碑意义的成功。

（3）始于 2010 年前后的当前人工智能技术，随着计算能力和大数据技术的发展，联网大数据为改进机器学习方式和算法提供了有力支撑。2016 年 3 月，Alpha GO 以 4：1 的总比分战胜围棋世界冠军、职业九段棋手李世石（李世乭），给围棋界带来了巨大的震动，如图 3-4-1 所示。这个事件象征着人们已进入人工智能的新信息技术时代（新 IT 时代），其特征就是大数据、大计算、大决策，三位一体。标志着机器在某些方面的智能正在接近人类。

图 3-4-1　Alpha GO 与李世石（李世乭）的围棋人机大战

2016 年 9 月，斯坦福发布了《2030 年的人工智能与生活》报告，分析了人工智能过去 15 年的发展状况，并预测了其在未来 15 年的发展趋势。

人工智能革命得益于多个因素的综合作用，技术的积累和日趋成熟使人工智能呈现爆发增长之势。未来一段时间，人工智能技术将主要集中在以下 6 个方面：

（1）计算机视觉。用摄影机和计算机代替人眼对目标进行识别、跟踪和测量等机器视觉，并进一步做图像处理，成为更适合人眼观察或传送给仪器检测的图像。计算机视觉技术运用由图像处理操作及机器学习等技术所组成的序列将图像分析任务分解为便于管理的小块任务。

（2）机器学习。机器学习是计算机模拟人类的学习活动，通过对已有的案例进行学习，借助归纳和总结的方法，对本身的能力加强或改进，使机器获得新知识和新技能，在下一次执行相同或类似任务时，会比现在做得更好或效率更高。机器学习是从数据中自动发现模式，模式一旦被发现便可以做预测，处理的数据越多，预测也会越准确。其中，深度学习就是基于深层神经网络的机器学习的一个分支。

（3）文本语言处理。对自然语言文本的处理是指计算机拥有与人类类似的对文本进行处理的能力。例如从文本中提炼出核心信息，计算机可从自然语言写成的文本中自主解读出含义，做到对文本的“理解”。例如自动识别文档中被提及的人物、地点等，或将合同中的条款提取出来制作成表。

（4）自然语言处理。通过建立语言模型预测语言表达的概率分布，确定某一串给定字符或单词表达某一特定语义的最大可能性。选定的特征可以与文中某些元素结合识别文字，通过识别这些元素，将某类文字同其他文字区分开，如垃圾邮件和正常邮件。

（5）机器人技术。即机器 + 人工智能，将机器视觉、自动规划等认知技术整合至极小却高性能的传感器制动器以及设计巧妙的硬件中，使机器人具有与人类一起工作的能力，能在各种未知环境中灵活处理不同任务。近年来，随着算法等核心技术的提升，机器人技术已取得重要突破。

（6）生物识别技术。生物识别可融合计算机、光学、声学、生物传感器、生物统计学，利用人体固有的身体特性如指纹、人脸、虹膜、静脉、声音、步态等进行个人身份鉴定，最初应用于司法鉴定。近年来，随着暴恐、偷盗等各种危害社会治安的事件逐渐增多，对体征形态的数据进行采集、比对、分析的需求愈加迫切，生物识别技术由此迎来发展良机。

人工智能技术现已进入新的高速增长期，是公认最有可能改变未来世界的颠覆性技术。世界许多国家已将发展人工智能上升到国家战略，从政策导向、战略规划、资金预算层面予以大力支持。目前，美国、俄罗斯等传统军事强国都把军用人工智能作为未来战争中“改变游戏规则”的颠覆性技术加以研究。美国国防部明确把人工智能作为“第三次抵消战略”的重要技术支柱，《2019 财年（美国）国防授权法案》表示将对美国陆、海、空军人工智能研究予以了重金支持。

根据相关文献报道，目前已公开的人工智能在无人机上的应用共计 123 项，其中人工智能作战应用 3 项，机器视觉 15 项，有人/无人机协同 24 项，自主任务 25 项，蜂群 26 项，自动飞行 30 项。

2. 无人机系统空战

空战有一系列较为清晰指令和策略机制，即“观察—判断—决策—行动”（OODA）四个环节，通过人工智能技术可以有效地缩短 OODA 各环节的反应时间。这需要人工智能技术在如下几个方面得到突破和发展：具有学习能力的超低功耗“类脑计算”、深度增强学习算法、神经网络、模糊逻辑、遗传算法、专家系统和图像处理、数据挖掘以及多源传感器数据融合等算法。

2016 年 6 月 27 日，美国辛辛那提大学旗下的 Psibernetix 公司开发的人工智能阿尔法（Alpha AI），用模拟三代机在模拟空战中战胜了驾驶四代机的经验丰富的美国空军退役飞行员。阿尔法基于遗传算法和专家系统可以预先判断对方的动机，对其飞行变化和导弹部署做出快速反应，可同时躲避数十枚敌方导弹的攻击，并对敌目标进行反击。在空中格斗中，阿尔法协调战术的速度比人类飞行员高出两个数量级。2017 年，美国空军研究实验室和洛克马丁公司的臭鼬工厂开展了一系列测试，展示了无人驾驶的 F-16 战斗机在应对复杂威胁的同时执行空对地打击任务的能力。

3. 机器视觉

机器视觉是指对视频或图像格式内的数据进行标记和进行自动分类。它是一种提供无人机系统态势感知能力的方法，例如对目标进行检测和分类，即使是模糊环境中，通过与其他传感器融合后也可检测、定位和跟踪目标。机器视觉与其他 AI 技术，如实时建图、图像捕捉、基于深度学习的目标检测、图像处理、光学成像、智能判断决策等模块结合，还可以用于视觉导航、辅助瞄准、识别目标等功能。2016 年年底，美军在其大西洋中部的陆军训练基地开展了一项“城市演习”，使用了安装视觉处理程序和热成像摄像头的多旋翼无人机，无人机系统利用机器视觉系统发现了隐蔽在建筑物后面的狙击手，并给部队发出了预警信号，如图 3-4-2 所示。此次演习证明了机器视觉的战术用途和价值。

图 3-4-2　搭载热成像摄像头的无人机发现可疑目标

4. 有人/无人机协同

有人/无人机协同可以完美地将作战人员和无人系统通过相互协作有机结合，从而形成作战网络，是作战部队的力量倍增器。人工智能的应用，能够有效地克服无人机操作员在生理和心理机能的限制与干扰，同时还能减轻人类飞行员的认知和操作负担，使其可以更加专注于更具创造性的、复杂的规划和管理工作，充分发挥有人机和无人机各自的优势。设想一下，1 架有人战斗机通过使用人工智能技术，可以控制 3～4 架无人机作为僚机，那么飞行员的作战能力、作战效率以及战场生存能力将得到极大提高。2015 年，美国空军就提出了忠诚僚机的概念，即具有自主决策性能的无人机担任人类飞行员的僚机，协助其躲避敌方战机和防空系统的打击，共同实现既定的任务目标。2015 年和 2017 年，美国空军研究实验室、美国空军试飞员学校和洛克马丁公司的臭鼬工厂先后进行了两次“海弗-空袭者”（Have Raider）试验，将 F-16 实验型飞机改装成了无人机，展示了无人机系统自主规划和执行空对地打击任务、与有人机组成编队，并且对不断变化的威胁环境做出反应的能力。2019 年 3 月 5 日，美军设计的 XQ-58A“女武神”无人机的原型机在亚利桑那州尤马试验场完成首飞，如图 3-4-3 所示。该无人机计划用于与 F-35 等有人机协同作战。2021 年，美空军使用 XQ-58A“女武神”无人机在试飞中成功释放 1 架 ALTIUS-600 微型无人机。这些试飞实验就是为了验证“耐耗型”XQ-58A“女武神”无人机的性能和性价比。所谓“耐耗型”，是指美空军正在推进的“低成本耐消耗飞行器技术”项目，该项目旨在研究设计可在高风险战场环境下使用的低成本飞行器，避免使用昂贵的飞行平台，在降低自身作战成本的同时，大幅提升对手的防御成本。简单来说，就是研制可在战场上大量被消耗的成本低廉的无人机。

图 3-4-3　XQ-58A“女武神”无人机

2019 年，美国 DARPA 启动了“空战进化”（ACE）项目，旨在研究在空战格斗中人类飞行员和人工智能如何取得相互信任。在存在敌方无人机和其他威胁因素的模拟作战环境中，测试有人机飞行员指挥多架无人机自主开展空中格斗的能力，以提高人类飞行员对无人机系统能力的信任程度。同年，美国空军研究实验室开展了“空中博格”（Skyborg）项目，旨在研究人工智能支持的无人僚机与有人机协同空战的效果，无人僚机根据飞行员的指示或者人工智能算法自主开展行动，可以提前进行侦察或打击任务，避免有人机轻易涉险。无人僚机还可成为空中网关，允许不同通信系统的战机相互交流。“空中博格”专注于情报侦察监视和态势感知能力，而“空战进化”项目则专注于视距范围的机动。但是，它们可以共享人工智能技术。鉴于有人/无人机协同技术的潜力，2019 年，欧洲国家也开展了“未来作战航空系统”（Future Combat Air System）项目，旨在将新型战斗机、运输机、巡航导弹、中空长航时无人机和无人机蜂群等多种武器平台融合拼接，以形成一体化的系统簇，如图 3-4-4 所示。其中，新型战斗机将成为系统簇的核心，控制无人平台自主执行多项任务。此外，俄罗斯苏霍伊公司和英国 BAE 系统公司也在研发有人/无人机协同技术。

图 3-4-4　“未来作战航空系统”（Future Combat Air System）

5. 蜂　群

由承担不同任务的多个无人机和/或无人车组成的集群称为无人系统蜂群。一般设想，在执行任务时，首先由大型运输机作为母船将多个无人机系统运载到任务区后释放，之后无人机编队并俯冲至预定区域，其间完成蜂群间的组网工作，之后还能够与其他武器平台进行协同，完成目标攻击、侦察、渗透和打击等多元任务，如图 3-4-5 所示。任务结束后，无人机蜂群自毁或返回母船。组成蜂群的无人机可以是小型多旋翼无人机，也可以是固定翼无人机，配合合适的任务载荷和战斗部后，可以实施灵活的打击任务，而且具有数量优势和低成本优势。

图 3-4-5　城市无人蜂群协调作战

2016 年 12 月，美国 DARPA 公布了“进攻性蜂群使能战术”（OFFSET）项目，寻求发展一个积极的蜂群战术开发生态系统及支撑性的开放系统架构。2017 年 1 月，美国 DARPA 发布了该项目的跨部门公告初稿，计划开发 100 种以上的无人空中和/或地面机器人组成的蜂群战术，使小规模步兵部队未来能够在复杂城市环境中使用 250 个或更多的蜂群小型无人机和地面机器人进行蜂群行动。2019 年 8 月，该项目首次公布了城市外场试验的一些细节信息，验证了无人机蜂群对城市目标进行合围隔离的战术。此外，加拿大在 2019 年开展了城市复杂环境蜂群演习，验证了无人机蜂群超强的态势感知能力和对建筑物内部的三维测绘能力以及投放地面传感器的能力。

6. 自主飞行

无人机的自主飞行取决于无人机的飞行环境感知技术、飞行路径规划技术和飞行控制技术的发展水平。目前，无人机基本都具备自动起飞和着陆能力。在对抗环境中，复杂的电磁环境使得无人机可能无法进行遥控操作，因此自主飞行尤其重要。自主飞行所需的人工智能技术包括认知视觉导航、图像复原、视觉信息提取和机载人工智能处理硬件加速技术等。小型无人机的自主飞行研究主要是利用机器视觉算法结合惯性测量信息等来扫描和规避障碍物。

7. 反无人机系统

现在的无人机应用越来越普遍，低成本但是功能强大的无人机使得传统的防空手段难以应付，或者效费比极低。因此，利用电子战、网络战、激光武器等技术执行反无人机的任务是当代无人机系统的另一大热点。能够执行反无人机任务的系统，称为反无人机系统。反无人机系统一般需要使用多传感器融合、无线电频率分析、自动视觉识别、自动目标定位、激光或导弹等武器系统自动跟踪和锁定、无线电频率干扰、动态截获等人工智能技术等。美国波音公司已成功研制了一套高能激光移动展示系统（High Energy Laser Mobile Demonstrator），可以通过追踪毁伤来完成反无人机任务。2019 年，美国雷锡恩公司研制的微波武器“相位炮”（Phaser）系统具有猎杀一群无人机的能力。

8. 把握识别人工智能战争属性

军事智能化是军事信息化的继承与发展，成为推动信息化战争形态逐步演变的强大技术力量。评价一种军事技术的战争属性是否强大，关键看其向军事领域全面渗透、转化为战争决胜能力的强弱。智能化具有控制思想与控制行动的双重能力，可以渗透到军队指挥决策、战法运用、部队控制等活动中；或直接用“智慧炸弹”打击对手思想意识，瓦解战斗意志；或将智能物化到武器、指挥系统，尝试用机器学习、迁移学习等智能算法解决对抗条件下态势目标的自主认知，帮助指挥员快速定位、识别目标并判断其威胁程度等，以智能方式控制机械化、信息化装备，以“智慧释放”替代“信息主导”，激发最大作战效能。

（1）智能化军事指挥。指挥控制系统是作战体系的中枢神经，是战争制胜规则的核心部分，指挥控制方式智能化，能克服人性弱点困扰，提升指挥决策的正确性。

（2）智能化军事装备。主要是各种无人化武器的运用，打造立体无人作战体系，将人与机器深度融合为共生的有机整体，让机器的精准和人类的创造性完美结合，并利用机器的速度和力量让人类做出最佳判断，从而提升认知速度和精度。如美军发明的“意识头盔”，能感应人的脑电波，具有识别敌我的“读心术”功能。

（3）智能化作战方式。从搜索发现目标，到危险评估，到锁定摧毁，再到效果评估，均不需要人参与，作战中实现无人化。此外，还可以思想、心理为打击控制目标，通过智能化方式手段，遵循思想认知规律，进行思想控制和精神“软打击”的作战行动，其中也包括“文化冷战”和“政治转基因”等意识形态渗透破坏行为。

9. 强泛化通用人工智能算法

目前，无人系统应用场景向动态非结构化方向发展，传统针对特定任务与样本所训练的算法难以适应新数据与任务需求，泛化能力弱、适应任务单一，使得无人系统只能够在特定限制条件下自主作业，难以赋予无人系统真正的智能性。因此，如果要使无人系统真正具有类人自主性，必须开发强泛化能力的通用人工智能算法。

10. 低功耗、高性能边缘计算芯片

由于无人系统通常是移动作业模式，其只能搭载有限的能源设备，难以部署大规模计算设备/学习服务器，对一些依赖计算资源的算法需采取云端技术，这将大大依赖大宽带实时通信，给实际应用带来不便与挑战，而采用边缘计算或云边协同的计算方式可以有效解决这一困局。在人工智能技术创新的推动下，无人系统迎来了突飞猛进的发展。

11. 人工智能提升环境感知效率

环境感知旨在从复杂场景或图像中定位大量预定义类别的物体，是人工智能领域热门的研究方向，也是无人系统开展各项作业任务的基础。针对目标识别，R-CNN、YOLO、SSD 等一系列经典框架被提出，使得无人系统能够模拟人的大脑运行方式，通过多层卷积神经网络学习识别，大大提升了无人系统的环境感知能力。

12. 人工智能强化自主规划决策能力

规划决策旨在依据无人系统感知得到的动态环境信息，开展自主决策、路径规划等控制，使无人系统实现特定的作业任务。人工智能技术的迅速发展大大提升了无人系统规划决策的自主性，基于强化学习、深度强化学习等算法能够较好地解决无人系统的运动规划问题，诸如 CANN、RNN、LSTM、SNN 等一系列网络结构也被提出用于决策任务，使得无人系统能够适应高复杂、高动态、强对抗环境开展作业任务。

13. 人工智能增强多机协同能力

人工智能技术的迅速进展能大大提升无人作战系统的协同作战能力。基于 AI 的智能化生态系统，以“能量机动和信息互联”为基础，以“数据计算和模型算法”为核心，以“认知对抗”为中心，多域融合、跨域攻防，无人为主、集群对抗，虚拟与物理空间一体化交互的智能化作战，已成为未来战争的主要形式。

14. 人工智能提升作战指挥体验

作为人与无人系统之间的交互接口，指挥控制系统能够实现控制指令与状态反馈的传递。引入人工智能技术后，一方面指挥控制系统能够通过自然语言、手势、体势等多模态人机交流方式获取指挥官意图并给出拟人化反馈，大大提升了指挥效率；另一方面，利用人工智能技术能够弥补操作者在速度、注意力等方面的局限，加速“观察—判断—决策—行动”环路速度，协助指挥官做出正确指令。人工智能技术使得人机协作下的指挥控制能够适应未来战场上日益增大的信息流通规模和速度，让战场指挥转变为信息化的算法战争。

15. 类脑芯片实现人工智能算法实体化

数据、算法和算力是人工智能发展的三驾马车，大量传感器的引入为无人系统带来了海量的数据，人工智能技术提升了无人系统感知与行动能力，而类脑芯片作为终端实现人工智能算法的载体，已成为人工智能技术创新的重要基础。无人系统的信息处理单元架构正按照大脑结构仿生学的指引，朝着“存算一体”类脑芯片的方向发展。而在“存算一体”类脑芯片底层，非易失性核心器件也正逐步替代易失性核心器件，以便于更好地执行复杂人工智能计算功能。人工智能为无人系统赋能，未来在人工智能从感知智能向认知智能演进、人机协同混合智能提升无人系统自主性、机器学习微型化推动 AI 与无人系统加速融合方面具有更为广阔的前景和更多的发展机遇。随着科学研究的不断深入，人工智能驱动的无人系统设备将大规模普及，并走进我们的生活。

为推动空军装备领域科技创新，我国空军装备部自 2019 年开始，举行“无人争锋”挑战赛等项目，以引导和促进我国无人机系统人工智能技术的发展和应用。“无人争锋”挑战赛共设 5 个科目：

16. 人工智能在我国无人机系统中的应用

极速穿越：考核无人机集群复杂环境下自主编队飞行能力。

全民目击：考核无人机集群协同感知识别能力。

形影不离：主要考察无人机集群目标跟踪、多目标分配和动态航路规划能力。

空中握手：主要模拟“蜂群”无人机空中回收等，考核精准定位、精确编队等技术。

巅峰对决：考核无人机群自主协同对抗能力，分虚拟竞技赛和实战对抗赛两部分。

二、5G 通信技术

5G 通信技术又称为第五代移动通信技术（5th Generation Mobile Communication Technology，5G）是具有高带宽、低延时、高安全特点的新一代宽带移动通信技术，是实现人机物互联的网络基础设施。

国际电信联盟（ITU）定义了 5G 的三大类应用场景，即增强移动宽带（eMBB）、超高可靠低时延通信（uRLLC）和海量机器类通信（mMTC）。增强移动宽带（eMBB）主要面向移动互联网流量爆炸式增长，为移动互联网用户提供更加极致的应用体验；超高可靠低时延通信（uRLLC）主要面向工业控制、远程医疗、自动驾驶等对时延和可靠性具有极高要求的垂直行业应用需求；海量机器类通信（mMTC）主要面向智慧城市、智能家居、环境监测等以传感和数据采集为目标的应用需求。

为满足 5G 多样化的应用场景需求，5G 的关键性能指标更加多元化。ITU 定义了 5G 八大关键性能指标，其中高速率、低时延、大连接成为 5G 最突出的特征，用户体验速率达 1 Gb/s，时延低至 1 ms，用户连接能力达每平方千米 100 万。

1. 技术背景

移动通信已历经 1G、2G、3G、4G 的发展。从 1G 到 2G 的发展实现了从模拟通信到数字通信的过渡，移动通信走进了千家万户；从 2G 到 3G、4G 的发展，实现了从语音业务到数据业务的转变，移动通信的传输速率提升近百倍，与同时代的智能手机一道促进了移动互联网应用的普及和繁荣。4G 网络造就了繁荣的互联网经济，解决了人与人随时随地传递数字信息的问题。但随着移动互联网快速发展，各种新服务、新业务对移动数据业务流量的需求爆炸式增长，4G 移动通信系统难以满足未来的需求。

2. 5G 通信与无人机

下面将以常见的民用多旋翼无人机为对象，讲述 5G 通信与无人机系统的关系。低成本的民用多旋翼无人机通常由以下几个部分组成：机架、动力系统、飞控系统、挂载系统、地面控制系统。

目前的民用无人机，主要还是人们通过地面控制系统遥控操作，如图 3-4-6 所示。这种操控方式，属于点对点通信。遥控器和无人机之间的数据通信通过 Wi-Fi 或蓝牙实现，通信距离受到限制。以 Wi-Fi 为例，通常只能保证 300 ~ 500 m 的有效通信距离。因此，无人机的飞行范围也不可避免地受到了限制。为了增加无人机的通信范围，一个全新的无人机通信方式——网联无人机的设想就提了出来。

图 3-4-6　通过遥控操作无人机

网联无人机，其实就是利用蜂窝通信网络，连接和控制无人机。简单来说，就是利用基站来联网无人机。相对于 Wi-Fi，蜂窝基站拥有更广阔的覆盖范围，将使无人机的通信更加灵活、可靠，如图 3-4-7 所示。

图 3-4-7　地面控制系统与网联无人机

无人机与地面的通信，主要是三种目的：图传、数传和遥控。其中，图传对无人机通信能力的要求最高。如果使用 Wi-Fi 点对点通信，在不超过 500 m 的通信距离内图传能力可以达到 1 080 p（分辨率 1 920×1 080，200 万像素），每秒 30 帧左右。大疆 DJI 研制了一款基于 Wi-Fi 技术改进的 OcuSync 图传（2.4 GHz 频段），1 080 p 图像的传输距离可以达到 7 km。

如果用 4G LTE（长期演进）蜂窝通信技术实现网联无人机，如果网络基站覆盖到位，则理论上不受距离限制。图传能力在 720 p 左右（分辨率 1 280×720）。但是，无人机航拍在一些特定场景下（如查看设备指示灯和人脸识别等），720 p 或 1 080 p 的分辨率并不能满足用户的需求。另外，在定位方面，现有 4G 网络在空域定位精度约为几十米（如果采用 GPS 定位，精度大约在米级），在一些需要更高定位精度的应用方面（如园区物流配送、复杂地形导航等），必须考虑增加基准站提供辅助，才能实现。在覆盖空域方面，4G 网络只能覆盖空域 120 m 以下的范围应用。在 120 m 以上（一些高空需求，例如高空测绘、干线物流等），无人机容易出现失联状况。总而言之，目前 4G 网络和 Wi-Fi 网络下的无人机，应用场景限制太多，制约了无人机应用的长远发展和价值发挥。

5G 的理论带宽可以达到 20 Gb/s 以上。目前已建设的实验网络中，也普遍达到了 1 Gb/s 的速率，这个速度是 4G LTE 的十倍以上。5G 网络还具有超低时延的特性，能够提供毫秒级的传输时延（低于 20 ms，甚至达到 1 ms，4G LTE 是 50 ms 以上）。这将使无人机响应地面命令更快，地面站对无人机的操控更加精确。5G 还可以提供厘米级的定位精度。综上所述，使用了 5G 的网联无人机完全可以满足城区复杂地形环境的飞行需求。

5G 所采用的 Massive MIMO 大规模天线阵列，以及波束赋形技术，可以自动灵活地调节各个天线发射信号的相位，不仅是水平方向，还包括垂直方向；能够实现对 500 m 以内低空空域目标的信号覆盖，满足国家对低空空域无人机的监管要求，如图 3-4-8 所示。在无人机的飞行数据安全保障方面，5G 相较 4G 或 Wi-Fi 也有明显的优势。5G 的数据传输过程更加安全可靠，无线信道不容易被干扰或入侵。

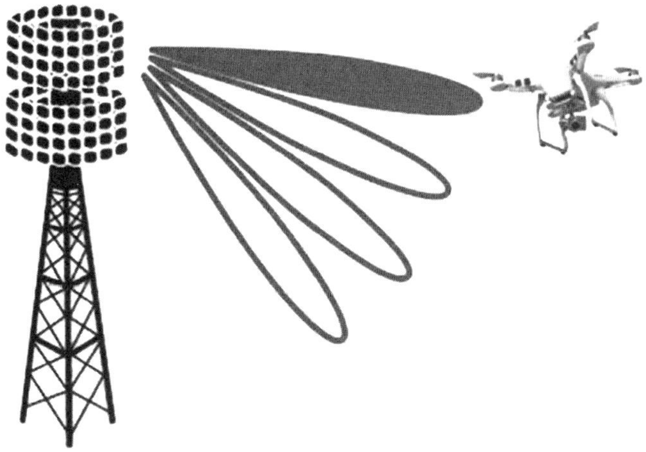

图 3-4-8　5G 大规模天线阵列与无人机通信示意图

5G 除了解决无人机和基站之间通信能力的问题之外，在无人机系统支撑平台上，还有很大的改进提升。

一个完整的无人机系统包括空中部分和地面部分。传统 Wi-Fi 或蓝牙点对点通信，地面部分只有遥控器和手机，能力非常有限。而网联无人机，可以提供强大的平台支撑，如图 3-4-9 所示。

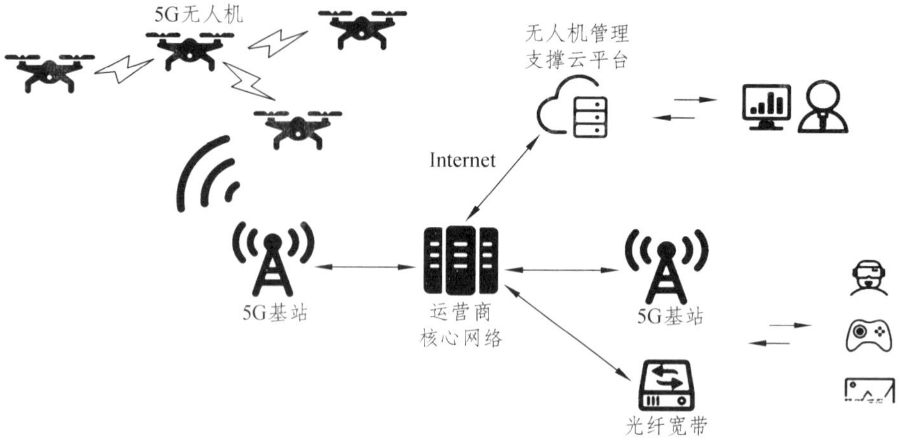

图 3-4-9　无人机系统与 5G 通信

结合云计算，网联无人机的地面平台可以提供更大容量的数据存储，更强大的计算能力。凭借 5G 的大连接特性，5G 网络可以接入海量的无人机。同时，还可以充分利用 5G 的边缘计算能力，在 5G 基站附近设置边缘计算中心，用于处理无人机相关的数据，从而进一步保证无人机系统控制和信息传输的低时延性，如图 3-4-10 所示。5G 所提供 D2D 设备间通信能力，可以实现无人机系统间的直接通信，为未来无人机的自主驾驶和机群协调提供技术基础。

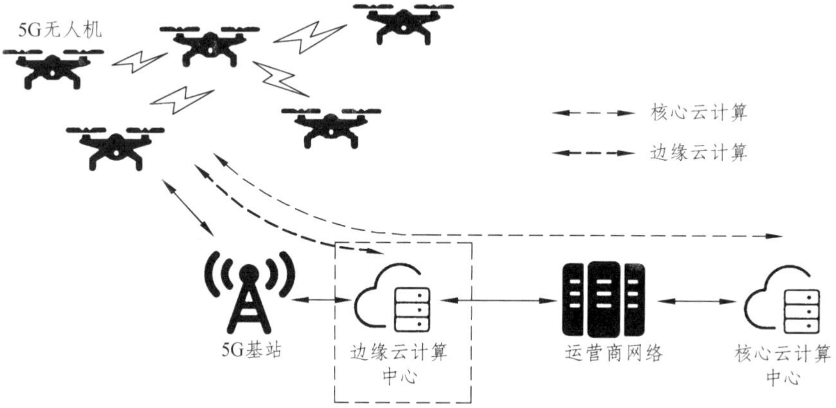

图 3-4-10　5G＋无人机系统的边缘云计算配置方案

三、增材制造

1. 增材制造的定义

增材制造（Additive Manufacturing，AM）俗称 3D 打印，融合了计算机辅助设计、材料加工与成型技术，以数字模型文件为基础，以软件与数控系统为基础平台将专用金属材料、非金属材料以及医用生物材料，按照挤压、烧结、熔融、光固化、喷射等方式逐层堆积，制造出实体物品的制造技术。相对于传统的、对原材料去除（切削、组装）的加工模式，是一种“自下而上”，从无到有，通过材料累加的制造方法。这种新的制造方法，使得传统加工方法无法实现的复杂结构件的制造变为可能，从而极大地扩展了设计空间。

2. 增材制造技术的分类

关桥院士提出了“广义”和“狭义”增材制造的概念。“狭义”的增材制造是指不同的能量源与 CAD/CAM（计算机辅助技术/计算机辅助制造）技术结合，分层累加材料的技术体系；而“广义”增材制造则以材料累加为基本特征，以直接制造零件为目标的大范畴技术群。如果按照加工材料的类型和方式分类，又可以分为金属成型、非金属成型、生物材料成型等，如图 3-4-11 所示。

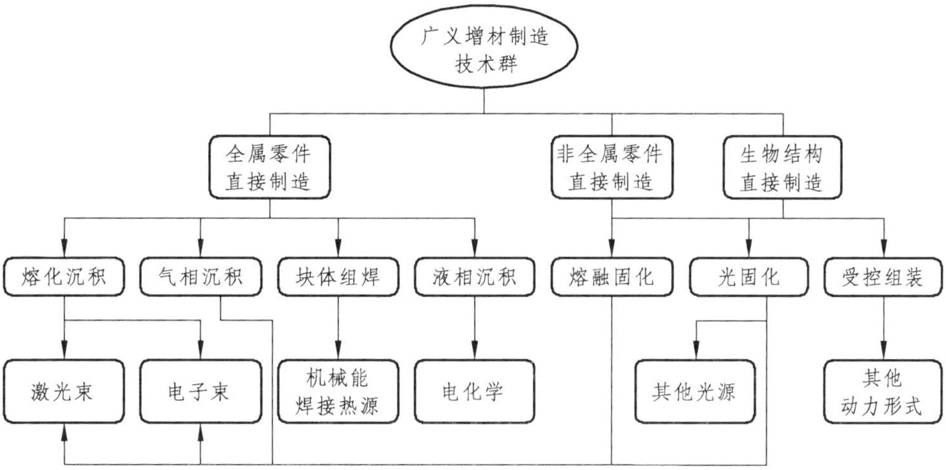

图 3-4-11　增材制造技术群

可见，快速原型、快速成型、快速制造、3D 打印、快速原型制造、三维打印、实体自由制造等各类名称，其实质是基于不同的分类原则和理解方式的增材制造方法和技术。

增材制造技术摒弃了传统的刀具、夹具以及多工序加工，仅在一台设备上即可快速精密地制造出任意复杂形状的零件，解决了许多复杂结构零件的成型问题，并极大地缩减了加工工序和产品制造周期。因此，增材制造技术正在成为发达国家实现制造业回流、提升产业竞争力的重要载体。以数字化、智能化为核心的增材制造技术和新型材料应用可重塑经济发展格局，重塑国家和地区比较优势，重塑制造业和服务业的关系。

3. 常见的增材制造技术

当前，较为成熟的增材制造技术通常包括光固化成型技术、叠层实体制造技术、熔融沉积造型技术和激光烧结技术。而航空领域最前沿的技术为金属构件激光成型技术。该技术以合金粉末为原料，通过激光融化逐层堆积，从数字模型逐步完成大型复杂构件的成型。丝材熔融沉积造型法增材制造原理如图 3-4-12 所示，立体光固化成型法增材制造原理如图 3-4-13 所示。

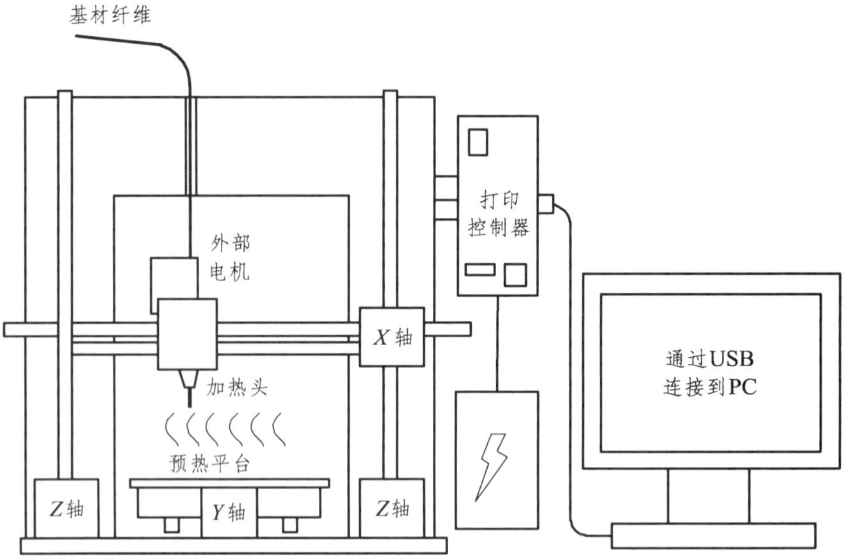

图 3-4-12　丝材熔融沉积造型法增材制造原理示意图

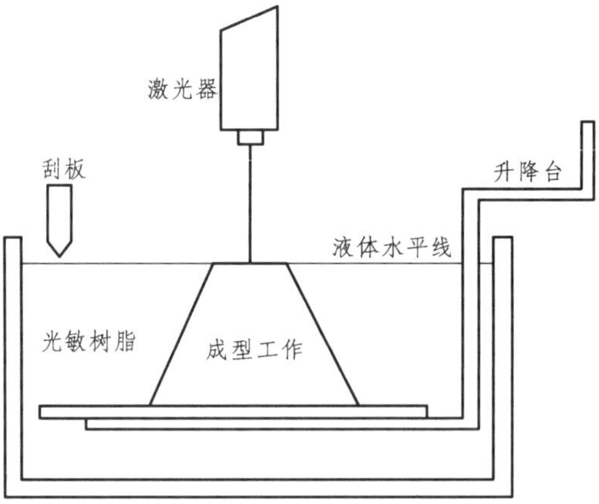

图 3-4-13　立体光固化成型（SLA）法增材制造原理示意图

4. 增材制造技术的应用

2015 年 7 月，英国海军在 HMS Mersey 号军舰上成功测试了一款利用增材技术制造的无人机 Sulsa，如图 3-4-14 所示。该无人机在岸上打印，再在舰上组装，打印前仅需预先准备电池、电子控制设备、螺旋桨以及电机等部件，然后使用激光将尼龙粉末材料熔融，打印控制舵面、机身等四部分结构即可完成无人机的组装。相比动辄数万甚至数百万美元的专用无人机，其造价极低，仅需数千美元。该无人机的翼展 1.5 m、重约 3 kg，采用螺旋桨驱动，巡航速度 96 km/h，利用弹射器发射升空。

图 3-4-14　增材制造的 Sulsa 无人机

自 2011 年以来，通用原子航空系统公司一直致力于基于聚合物和金属的增材制造技术，并组建了一支专门的增材制造开发团队，以发现可在这些过程中创造良好业务成果的机会。该公司已经在开发增材制造技术，其应用包括复杂的壳体和管道、多种类型的热交换器、与发动机和起落架相关的组件、集成结构、安装架和燃料分配系统以及各种工具等。

另外，2019 年利用增材制造技术加工了基材为 Ti-6Al-4V 钛合金的进气口，并装配在了成功试飞的 MQ-9B SkyGuardian 中空长航时无人机上。该型无人机至少有 200 个已完成飞行认证的金属和非金属增材制造零件。

为国产大飞机 C919 制造的近 3 m 长的中央翼缘条（见图 3-4-15），是增材制造技术在航空领域应用的典型案例，实现了降低飞机的结构质量、延长使用寿命、提高燃油经济性的目的。图 3-4-16 为钛合金 3D 打印制造的某型飞机的承力框架。

图 3-4-15　C919 中央翼缘条

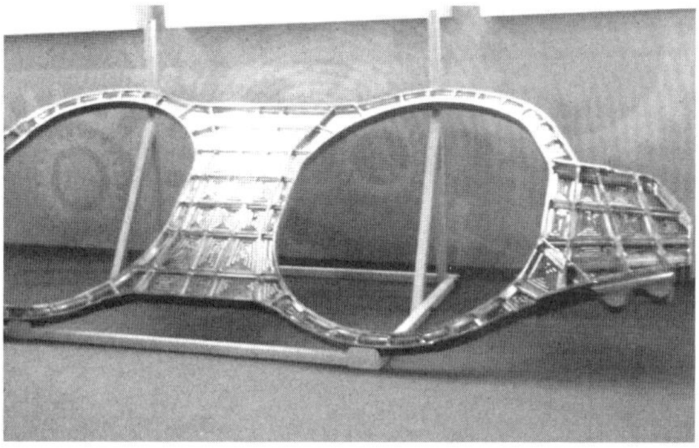

图 3-4-16　某型飞机的承力框架

5. 增材制造技术的未来

目前，增材制造技术还是一项正在发展中的制造技术，其成熟度还远不能同传统方法——切削、铸、锻、焊、粉末冶金等制造技术相比，还存在大量需要研究的工作，包括增材制造专用装备的研发、激光成型专用合金体系、零件的组织与性能控制、应力变形控制、缺陷的检测与控制等。其中，当前亟须解决的关键技术如下：

（1）材料单元的控制技术。即如何控制材料单元在堆积过程中的物理与化学变化是一个难点，例如金属直接成型中，激光熔化的微小熔池的尺寸和外界气氛控制直接影响制造精度和制件性能。

（2）设备的再涂层技术。增材制造的自动化涂层是材料累加的必要工序，再涂层的工艺方法直接决定了零件在累加方向的精度和质量。分层厚度向 0.01 mm 发展，控制更小的层厚及其稳定性是提高制件精度和降低表面粗糙度的关键。

（3）高效制造技术。增材制造在向大尺寸构件制造技术发展，例如金属激光直接制造飞机上的钛合金框架结构件，框架结构件长度可达 6 m，制作时间过长，如何实现多激光束同步制造，提高制造效率，保证同步增材组织之间的一致性和制造结合区域质量是发展的难点。

此外，为提高效率，增材制造与传统切削制造结合，发展材料累加制造与材料去除制造复合制造技术方法也是未来发展的方向和关键技术。

项目 5　拓展项目

自编案例和学习感悟

学习情境 4　无人机的组成

项目 1　课前思考与准备

任务 1　系统的概念

系统表示若干部分相互联系、相互作用，按一定秩序和内部联系组合而成的具有某些功能的整体。钱学森在《论宏观建筑和微观建筑》中指出：系统是由相互作用相互依赖的若干组成部分结合而成的，具有特定功能的有机整体，而且这个有机整体又是它从属的更大系统的组成部分。

生活中的系统无处不在，一般大致可以分为自然系统、人工系统、复合系统。本情境所描述的系统，不作特别说明时仅表示人工系统的范畴。系统是指其内部的零部件根据人为的、预先编排好的规则或计划好的方向运行，以实现或完成系统内零部件不能单独实现的功能、性能与结果。

本书主要讲述无人机，其系统的内涵是指无人机系统，且具有以下几方面的特征：

（1）由若干要素（部分）组成。例如，无人机一般由飞行平台、动力装置、控制装置、通信装置等要素组成。这些装置本身也是一个系统（或称之为子系统），由不同的元件、零部件组成。如飞行平台，就是由机身、机翼、尾翼、起落架等部件构成。

（2）有一定的结构。系统是相互联系、相互制约的要素组成的集合。其内部各要素之间的连接关系、联系方式、组织秩序的内在表现形式，就是系统的结构。例如，无人机飞行平台系统，就是由机身、机翼、尾翼、起落架等零部件按照一定的方式装配连接而成，但是一堆机身、机翼、尾翼、起落架等零部件随意地放一起显然是不能构成无人机飞行平台的。

（3）有一定的功能，能达成某种目的。系统的功能是指系统与外部环境相互联系和相互作用中表现出来的性质、能力和功能。例如，固定翼无人机飞行平台的功能是转换发动机的推力为飞行平台稳定可控的升力，为无人机系统实现稳定可控飞行提供结构基础。

（4）系统的状态是可以转换、可以控制的。例如，固定翼无人机飞行平台通过副翼、方向舵、升降舵等活动部件可以可控地改变飞行平台的局部升力，从而改变飞行平台在空中的飞行状态。

总而言之，要想比较轻松地学习和理解无人机的组成，就应该从系统的角度来学习无人机系统，理解无人机各个装置之间的联系和相互作用。

任务 2　系统工程的概念

现代科学技术体系中，以系统为研究和应用对象的科学技术体系称之为系统科学。我国著名科学家钱学森为建立和发展系统科学做出了重大贡献。

钱学森著有《控制论》等著作，从应用系统思想、观点和系统方法去研究整个客观世界的角度出发，在总结、概括已有系统研究成果的基础上，首先提出了系统科学和系统科学部门内的层次结构，并指出“系统工程是组织管理系统的规划、研究、设计、制造、试验和使用的科学方法”。

系统工程的主要任务是根据总体任务目标，把所处社会环境因素、人力资源情况、技术发展阶段等纵横的方面联系起来，应用现代数学和计算机等工具，对系统的构成要素、组织结构、信息交换和自动控制等功能进行分析研究，借以达到最优化设计、最优控制和最优管理的目标。

总之，系统工程就是从系统的概念出发，以最优化方法，通过运用各种组织管理技术，使系统的整体与局部之间的关系协调和相互配合，实现总体的最优运行。一般会将系统研发划分为 3 个大的阶段：系统开发、系统制造和系统运用，而每一个阶段又可分为若干小的阶段或步骤。采用的基本方法是：系统分析、系统设计与系统的综合评价（涉及性能、费用和时间等内容）。

系统工程是在现代化的“大企业”“大工程”“大科学”兴起后，为适应现代产品构造复杂、迭代周期短、生产社会化、管理系统化、科学技术高度分化又高度综合的时代需求而必然产生的一门科学技术，特别适用于航空航天等领域“大工程”的研发制造和生产。

进入信息化时代以后，依托各种数学模型并借助各类软件进行系统分析、需求传递的新方法成为主流，即基于模型的系统工程（Model Based System Engineering，MBSE）。它在系统研制过程中，以需求和模型为核心，通过各个阶段对需求和模型的确认和验证，减少系统研制风险，提升系统设计的可读性，并杜绝需求和设计的二义性，增加系统设计的复用度。对一个工程或项目按照系统工程的方法实施分析和管理，既能有效地减少重复建设，又可在出现问题后进行排查。中国航空工业集团开展各种型号系统研制时，就大量运用了系统工程的思想和技术。例如，20 世纪 90 年代的某型三代战斗机、近几年的大型民用商务运输机和翼龙无人机系统等。

项目 2　大中型无人机的组成

任务 1　大中型无人机的系统组成

一、无人机与无人机系统

无人机是一种有动力、机上无人却又可控的航空器，是无人驾驶飞机（Unmanned Aerial Vehicle）的简称，缩写为“UAV”。

生活中一般所提的“无人机”主要是指能在空中飞行的无人机平台。本情境将从实际使用技术方面，主要描述“无人机系统”的概念。

在项目 1 中已经介绍了“系统”的概念，即由若干个相互联系、相互作用、相互依存的组成部分（要素）结合而成的、具有特定功能的有机整体，具体从组成上来说，是指“相关零部件（子系统）、软件与功能的有机集合”；从技术上来说，是指“具有相互依存功能的机械结构、电器、电子的一种集合”；从更广义上讲，一个“系统”还可能包括参与操作、维护和保障的相关人员和技术。

本任务将从“无人机系统”的角度而非狭义的“无人机”来全面描述和介绍无人机的系统组成。

二、无人机系统的组成

无人机系统一般由无人机平台、任务载荷、数据链（视距数据链、卫星中继数据链等）、指挥控制站、发射与回收系统、保障与维修系统（又称为综合保障系统）等分系统组成，如图 4-2-1 所示。

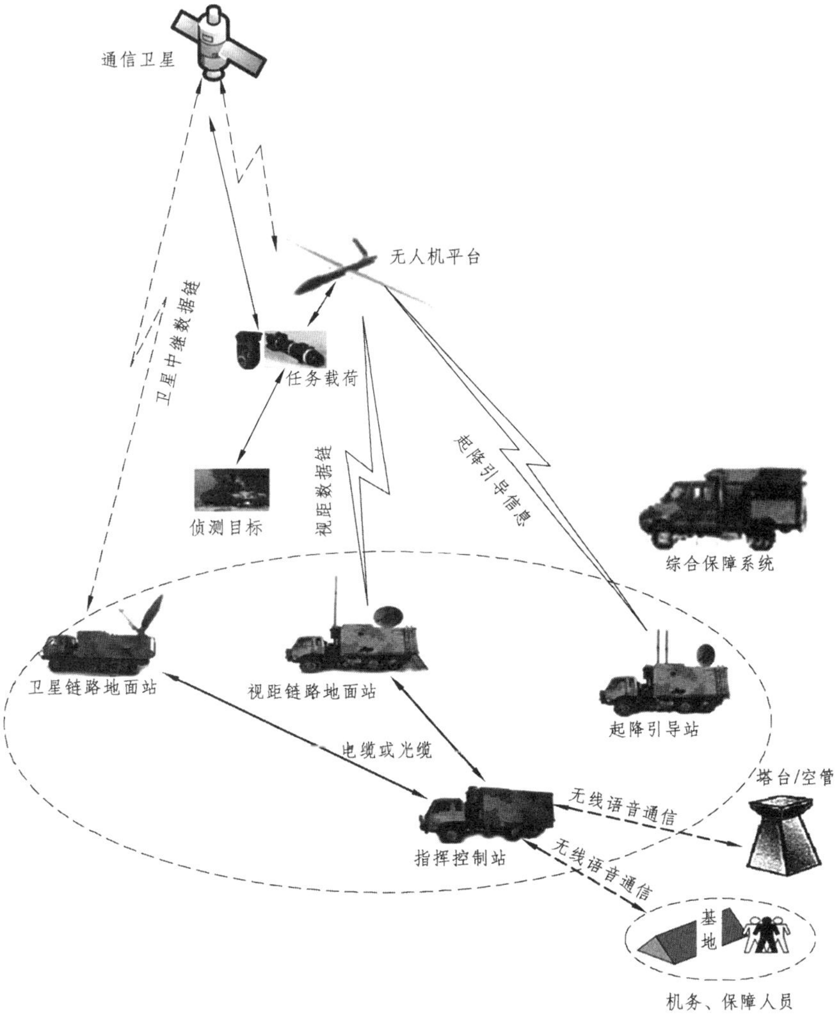

图 4-2-1　无人机系统的组成

1. 无人机平台

无人机平台也可称为无人机飞行平台，一般包括机体平台、动力装置等，如图 4-2-2 所示。无人机平台是执行任务的载体，用于携带任务载荷，飞行至目标区域完成要求的任务。

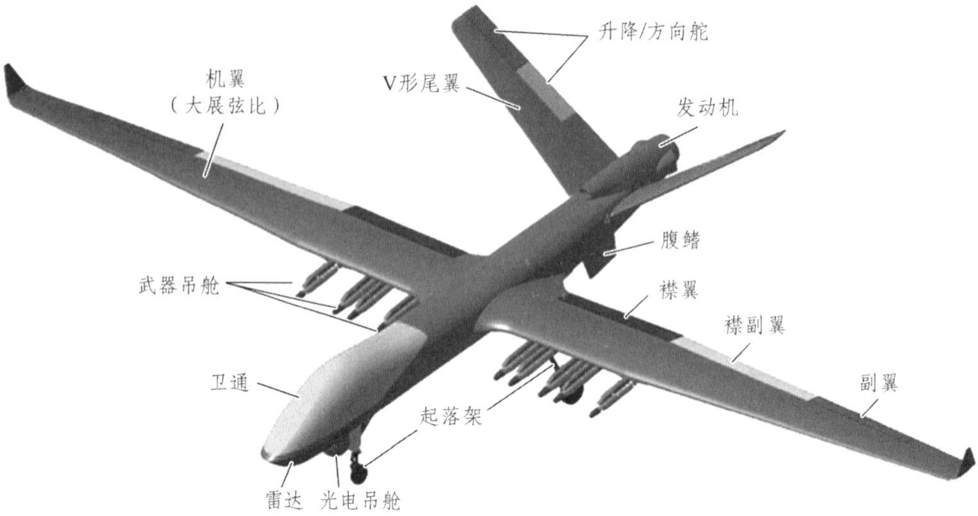

图 4-2-2　大中型无人机平台

2. 飞行控制与管理系统

飞行控制与管理系统包括机上平台设备管理系统、机上飞行控制系统、机上飞行管理系统和机上飞行任务管理系统，主要用于控制飞行平台稳定飞行，监测机上设备的完好性，完成空中飞行计划的管理。利用机上各种传感器，如全球卫星定位系统（GPS）、惯性导航系统（INS）以及无线电高度表等设备，确定无人机平台的位置和姿态，引导飞行平台按照预设的轨迹飞行，并管理机上的各种任务载荷设备完成既定任务，如图 4-2-3 所示。

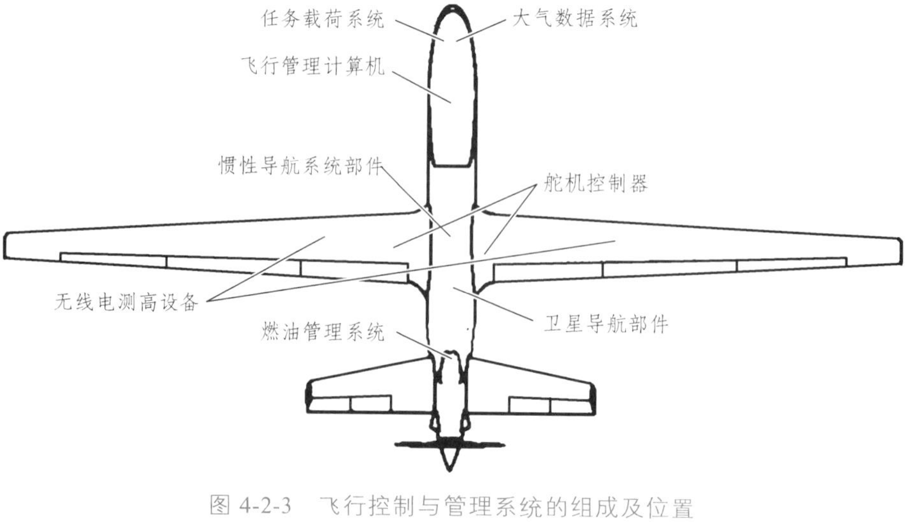

图 4-2-3　飞行控制与管理系统的组成及位置

3. 任务载荷系统

任务载荷系统主要包括信息支援、信息对抗、火力打击等相关实施和设备，如光电吊舱、合成孔径雷达、卫通天线等，用于完成要求的信息支援、信息对抗、火力打击等任务，如图 4-2-4 和图 4-2-5 所示。

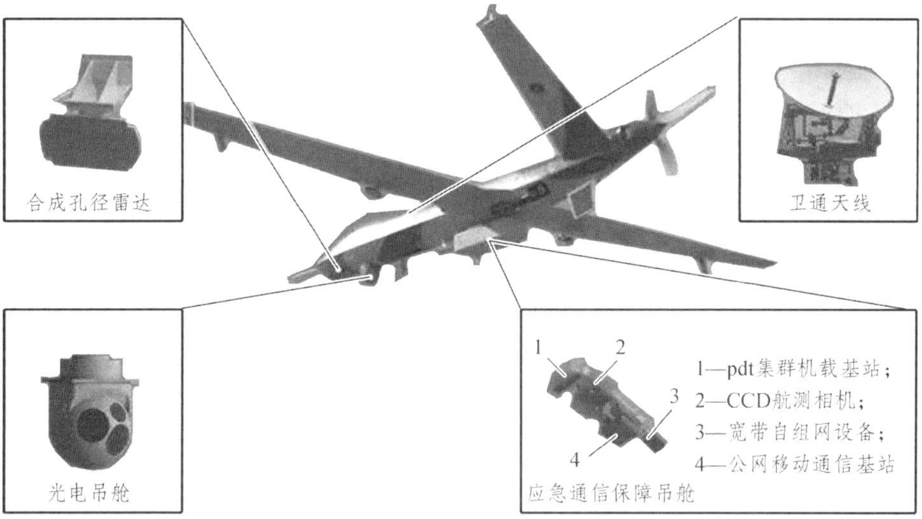

图 4-2-4　无人机任务载荷分布示意图

（a）电子战吊舱

（b）火力打击吊舱

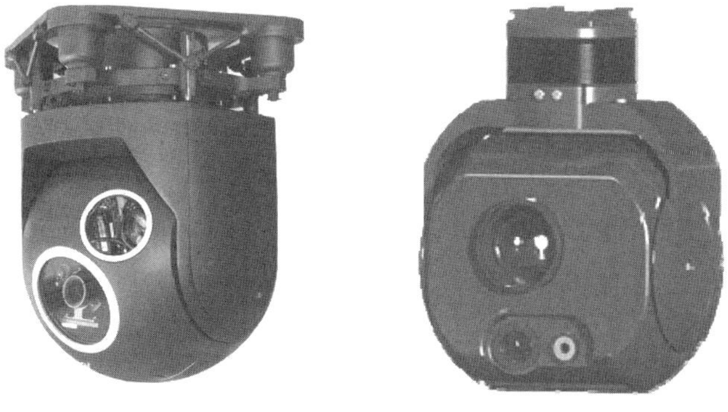

（c）光电吊舱

图 4-2-5　无人机任务载荷系统

4. 数据链系统

数据链系统可分为机载数据链系统和地面数据链系统，主要包括无线电遥控/遥测设备、信息传输设备、中继转发设备等。数据链系统通过上行信道，实现对无人机的遥控；通过下行信道，完成对无人机飞行状态参数的遥测，并传回任务信息，如图 4-2-6 和图 4-2-7 所示。

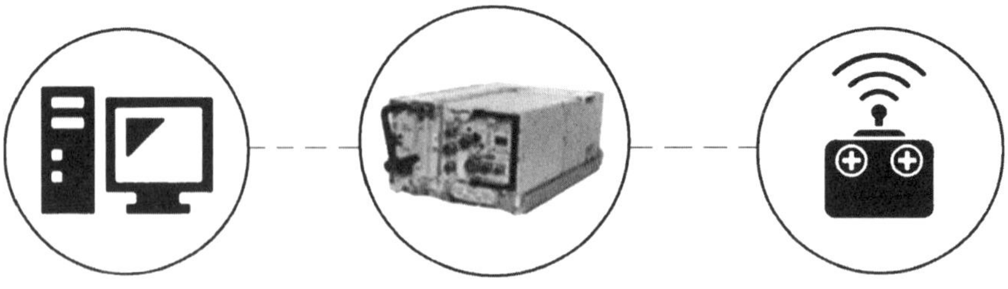

图 4-2-6　无人机通信设备工作示意图

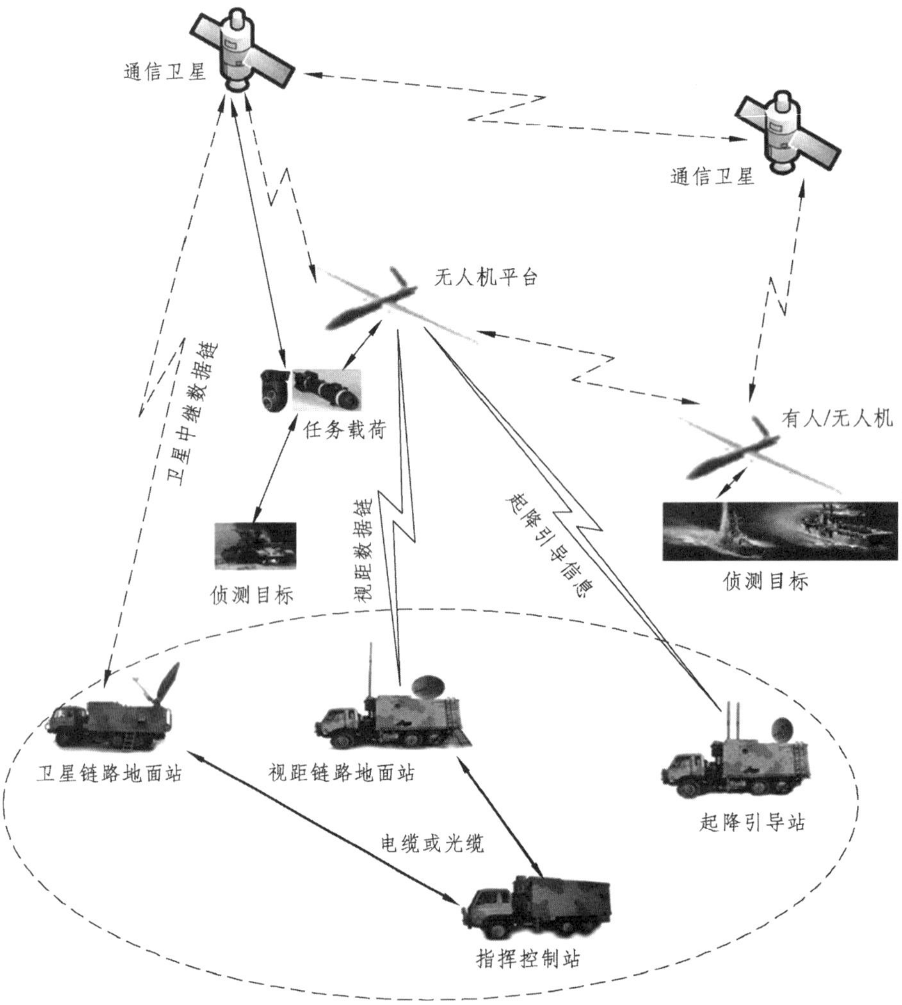

图 4-2-7　无人机数据链通信示意图

5. 地面站系统

地面站系统又称无人机地面站，是整个无人机系统的重要组成部分，用于地面操作人员直接与无人机的交互，具有对无人机飞行平台和任务载荷进行监控和操纵的能力，如图 4-2-8 和图 4-2-9 所示。它的功能包括任务规划、任务回放、实时监测、数字地图、通信数据链和数据处理等，是整个无人机系统的指挥控制中心。地面站系统一般具有以下几个典型功能：飞行监控功能、地图导航功能、任务回放功能、天线控制功能等。

根据具体的任务和功能，地面站又具体地可细分为视距链路地面站、指挥控制站、差分 GPS 地面站等。

图 4-2-8　大中型无人机（视距链路）地面控制站

图 4-2-9　大中型无人机（指挥控制）地面控制站

6. 发射与回收系统

发射与回收系统又称为发射与回收分系统或发射与回收子系统，包括与发射（起飞）和回收（着陆）有关的设备或装置，如发射车、发射箱、弹射装置、助推器、起落架、回收伞、拦阻网等，如图 4-2-10 所示。发射与回收分系统完成无人机的发射（起飞）和回收（着陆）任务。

（a）火箭助推式发射起飞

（b）手抛式发射起飞

（c）弹射式发射起飞

（d）空投式发射起飞

（e）撞线式回收着陆

（f）伞降式回收着陆

图 4-2-10　无人机发射与回收系统

7. 保障与维修系统

保障与维修系统主要用于完成无人机系统的日常维护，以及无人机的状态测试和维修等任务。保障与维修系统包括基层级保障维修设备和基地级保障维修设备及其相应的人力和技术资料等。

8. 无人机综合保障系统

地面站系统、发射与回收系统和保障与维修系统构成了综合保障系统（又称为运行支持系统）。它主要由无人机系统飞行任务、储存运输及日常或定期维护工作所需的工具、设备、场地、人员、资料集合组成。除包括保障工具、保障设备、保障场地、保障人力资源以及技术资料等外，还包括相关零部件的供应、日常训练、装卸、储存和运输等保障，用于无人机系统飞行任务、储存运输及日常、定周期维护工作中的保障支持。

保障设备和保障工具主要包括基层级所需的各种接近设备、支撑设备、检测设备及各种工具。

基地保障包括场站设施及场站设备。场站设施是用于无人机系统使用保障，固定不可转移的永久性建筑；场站设备是用于飞机使用保障，但一般不随飞机一起转场的保障设备（一般不包括常规通用的能源、通信、导航、抢救、医务、气象、通用工程车辆等设施与设备）。

供应保障包括使用、维修大中型无人机系统过程中所需要的备件和消耗品。

人力资源保障包括操作和维修无人机系统的人员，主要包括飞行员、操作人员、维修保障人员。

技术资料保障包括理论培训、模拟仿真飞行、实际飞行培训、在岗操作、实际操作五类所需的资料、设备及相关人员。

装卸、储存和运输保障主要用于满足空运、陆运要求的相关装运和储存设备。

任务 2　知识拓展

一、空气动力学

1. 伯努利原理

丹尼尔·伯努利在 1726 年首先提出：“在水流或气流里，如果速度小，压强就大；如果速度大，压强就小”。这就是我们常说的“伯努利原理”。简单的“吹纸实验”可以示范，固定两张纸上端并使之自然垂下，当我们往两张纸的中间吹气时，会发现纸并没有往外飘，反而挤压在了一起，如图 4-2-11 所示。

2. 升　力

把飞机的机翼横截面设计为上下不对称的形状，使得飞机前飞时机翼上方空气的流速大而机翼下方的流速小，如图 4-2-12 所示。那么，根据伯努利原理可知，机翼上方的压强小，下方的压强大，这样就形成了作用在机翼上的升力。

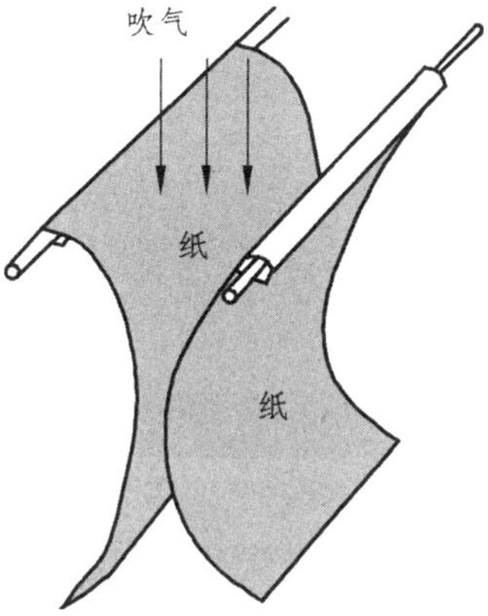

图 4-2-11　吹纸实验示意

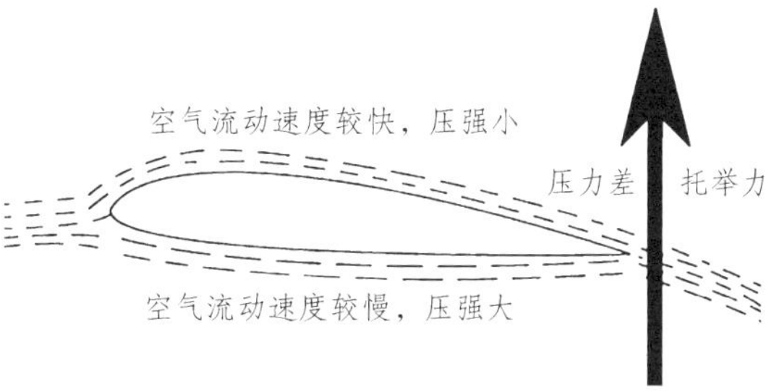

图 4-2-12　翼型与升力示意图

3. 阻　力

飞行器相对空气运动时，会受到空气产生的阻力。该阻力一般主要有“摩擦阻力”和“压差阻力”等。其中，摩擦阻力是由于运动物体的侧表面与空气摩擦而产生的；压差阻力是由于飞行器前后所形成的压强差所形成的。压差阻力同物体的迎风面积、形状以及在气流中的位置都有很大的关系，如图 4-2-13 所示。与风向垂直的那块面积叫作“迎风面积”。由一般的经验可以观察到：形状相同的物体，迎风面积越大，压差阻力也就越大。

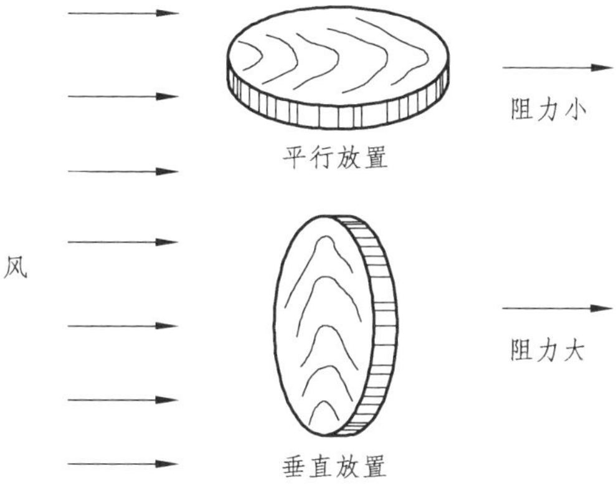

图 4-2-13　迎风面积与压差阻力

但是，经过实验证明，如果平板前面加上一个圆钝的锥体，压差阻力将会减少到原来平板的 20%；如果继续再在平板的后面加上一个细长的圆锥体，那么压差阻力将会进一步降低到原来平板的 4%～5%。这样前端圆钝、后端尖细，如水滴一般的物体，叫作“流线型物体”，简称“流线体”，如图 4-2-14 所示。在相同迎风面积时，这种形状的压差阻力最小，这时的阻力主要是摩擦阻力。

飞行器飞行过程中，可能还会因为机体各部件之间的相互影响而产生干扰阻力；另外，机翼翼尖处产生的涡流阻力，又称诱导阻力。

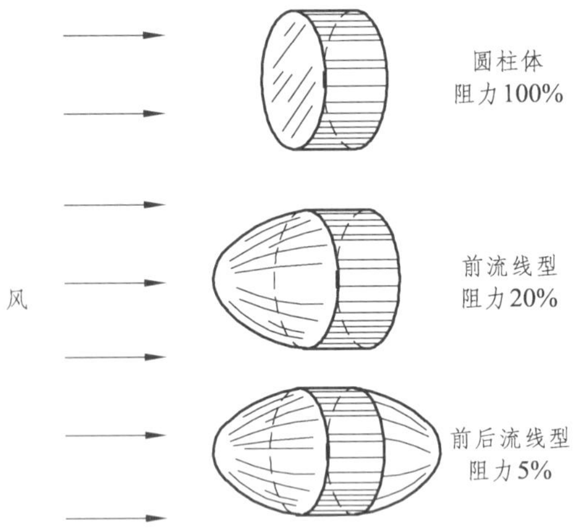

图 4-2-14　压差阻力与形状关系

二、航空发动机

1. 活塞发动机

无人机使用的活塞发动机，常见的有两冲程活塞发动机和四冲程发动机。它们的外形如图 4-2-15 所示。活塞发动机一般由三部分组成：发动机主机、启动器以及冷却系统，如图 4-2-16 所示。目前的无人机一般使用电子控制燃油喷射系统（Electronic Fuel Injection，EFI），以降低燃油消耗、提升功率输出和工作可靠性，还可以提升发动机的冷启动和热启动性能，通过监测环境大气压力，方便地完成海拔高度补偿。

图 4-2-15　活塞发动机

大中型无人机，一般采用四冲程发动机，如图 4-2-17 所示。例如，翼龙无人机在早期研制阶段，就使用过 Rotax 系列的发动机。活塞式发动机相对来说，技术更加成熟、成本较低、可靠性高、维护方便、体积也较为紧凑。通过适配不同型号的螺旋桨，可以满足低空低速范围内大多数无人机的动力需求。

图 4-2-16　活塞发动机的一般组成

图 4-2-17　大中型无人机使用的典型活塞发动机

但当无人机需要提供更高功率的动力输出，或者需要较高速度飞行、巡航时，例如飞行速度不小于 700 km/h，螺旋桨与活塞式发动机的动力组合可能难以满足需要。这个时候，一般需要选用单位质量功率密度更高的涡轮发动机。

2. 航空涡轮发动机

航空涡轮发动机根据能量输出形式，一般可分为涡轮喷气发动机（涡喷发动机）、涡轮风扇发动机（涡扇发动机）、涡轮螺旋桨发动机（涡桨发动机）和涡轮轴发动机（涡轴发动机）。

1）涡轮喷气发动机

涡轮喷气发动机的推力完全依赖燃气流产生，通常用作高速无人机的动力，在飞行速度为马赫数 1.0～3.0 区间内有较高的推进效率。涡轮喷气发动机有离心式与轴流式两种。其中，轴流式的横截面小，压缩比高，因此在涡轮喷气发动机中应用更为常见。

（1）工作原理

涡轮喷气发动机仍属于热机的一种：在高压下输入能量，低压下释放能量。与活塞式发动机相似，也有进气、加压、燃烧和排气四个阶段，只是这四个阶段在活塞式发动机中是间歇式地顺序执行，而在涡轮喷气发动机中是连续进行的。

空气首先进入发动机的进气道，通过可调管道将来流空气调整为合适的速度；进气道后的压气机专门用于提高气流的压力，即空气流过压气机时，压气机通过工作叶片对气流做功，使气流的压力和温度升高；经过压气机做功的高温高压空气进入燃烧室与燃料混合并被点燃，燃烧产生的高温高压燃气从燃烧室流出；其间，燃气流过与压气机安装在同一条轴上的涡轮。燃气的部分内能在涡轮中膨胀转化为机械能，带动涡轮和压气机旋转。在涡轮喷气发动机中，平衡状态下气流在涡轮中膨胀所做的功等于压气机压缩空气所消耗的功和传动附件克服摩擦所需功的总和。经过燃烧后，涡轮前端燃气的能量极大地增加，使得其在涡轮中膨胀的比例远大于压气机中的压缩比，因此，涡轮出口端的压力和温度都比压气机进口高很多；从涡轮中流出的高温高压燃气，在尾喷管中继续膨胀，以非常高的速度沿发动机轴向从喷口向后排出，使发动机获得了反作用的推力。

（2）结构

涡轮喷气发动机的机体结构包括进气道、压气机、燃烧室、涡轮及尾喷管，如图 4-2-18 和图 4-2-19 所示。

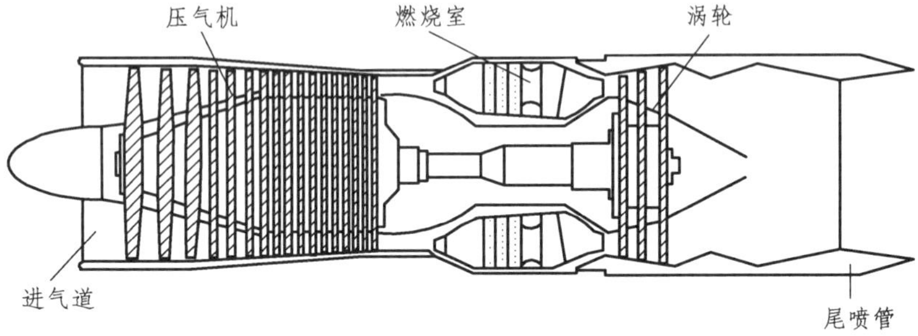

图 4-2-18　涡轮喷气发动机结构

图 4-2-19　小型涡轮喷气发动机实物

2）涡轮风扇发动机

涡轮风扇发动机的推力由喷管喷射出的燃气与风扇排出的空气共同产生。涡轮风扇发动机主要由压气机、燃烧室、高压涡轮机（驱动压气机）、低压涡轮机（驱动风扇）和排气系统组成，如图 4-2-20 所示。其中，压气机、燃烧室、高压涡轮构成了涡轮发动机的核心，一般称为“核心机”。它负责将燃料的化学能转化为机械能，一部分用于带动低压涡轮以驱动风扇，一部分用于在尾喷管中加速喷出燃气。

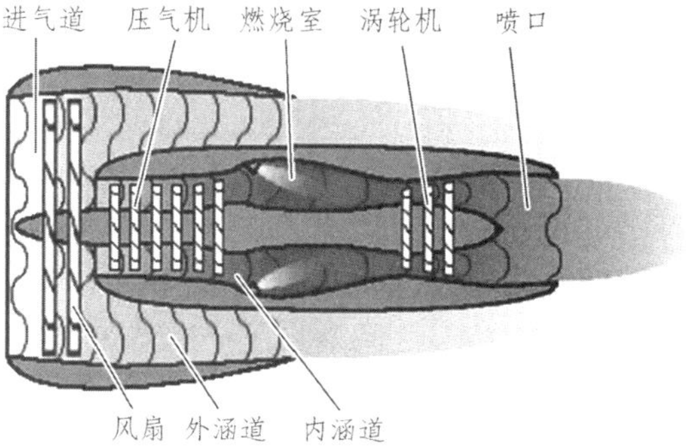

图 4-2-20　涡轮风扇发动机结构

（1）工作原理

涡轮风扇发动机的工作原理与涡轮喷气发动机相似。发动机从前端吸入大量的空气，其中一部分经过风扇和压气机压缩，然后在燃烧室内燃烧后驱动涡轮机旋转，经过尾喷管后高速喷出，从而产生发动机的推力；另一部分空气经过风扇后直接通过外涵道排出，从而为发动机产生推力。涡轮风扇发动机产生的推力是这两部分推力的总和。

（2）结构

与涡轮喷气发动机相比，除了压气机、燃烧室、涡轮、尾喷管等结构外，涡轮风扇发动机主要增加了“风扇”和“外涵道”，其中“风扇”用于提高涡轮前温度，“外涵道”用于降低排气速度（通过增加低速的排气流量，降低平均排气速度），从而实现了涡轮发动机热效率和推进效率的共同提升。

该类型发动机普遍具有推力大、推进效率高、噪声低、燃油消耗率低、载机航程远的优点。但也因风扇直径大，即迎风面积大，从而增加了阻力，另外，“风扇”和“外涵道”也增加了发动机结构的复杂性，加大了发动机的设计难度。美国的 RQ-4“全球鹰”无人机配备了涡轮风扇发动机，如图 4-2-21 所示。

图 4-2-21　装备了涡轮风扇发动机的大中型无人机

3）涡轮螺旋桨发动机

（1）工作原理

涡轮螺旋桨发动机又称涡桨发动机，其驱动原理大致与以活塞发动机为动力源的传统螺旋桨飞机相同，主要以螺旋桨旋转时所产生的推力来驱动载机平台前进。但其驱动螺旋桨转动的动力来源是前面所述的由压气机、燃烧室和涡轮机组成的“核心机”，并且通常以恒定的速率转动。

（2）结构

与涡轮风扇发动机相比，除了压气机、燃烧室、涡轮、尾喷管等结构外基本一致外，涡轮螺旋桨发动机主要有两点变化，“风扇”和“外涵道”变为了螺旋桨，并且在螺旋桨与“核心机”之间增加了一副减速机构，如图 4-2-22 所示。

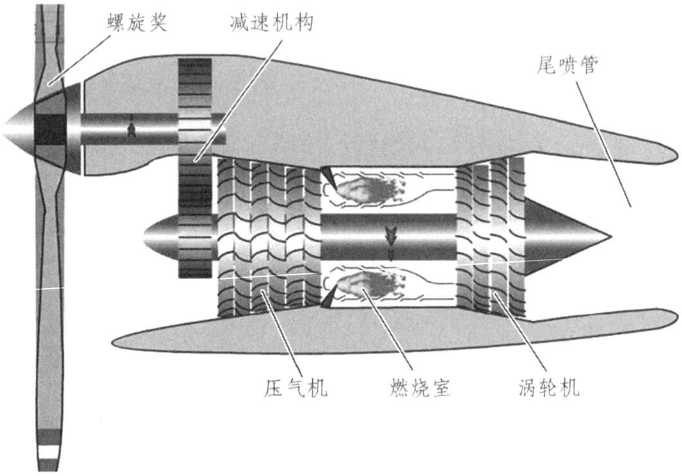

图 4-2-22　涡轮螺旋桨发动机结构

涡轮螺旋桨发动机的主要功率输出方式为螺旋桨的轴功率，而尾喷管喷出的燃气推力极小，一般只占总推力的 5%左右。它在低速下效率一般要高于涡轮风扇发动机，但受到螺旋桨效率的影响，它的适用速度一般小于 900 km/h，广泛应用于中低速飞行器或对低速性能有严格要求的巡逻、反潜等类型飞行器。美国的 MQ-9“死神”无人机就装配了涡轮螺旋桨发动机，如图 4-2-23 所示。

图 4-2-23　装备了涡轮螺旋桨发动机的 MQ-9“死神”无人机

4）涡轮轴发动机

（1）工作原理

涡轮轴发动机又称涡轴发动机，在工作原理和结构上，涡轴发动机与涡桨发动机很相近，都是由涡扇发动机演变而来，前者（涡轴发动机）将风扇变成了直升机的旋翼，而后者（涡桨发动机）则将风扇变成了螺旋桨。

（2）结构

与涡扇发动机或涡桨发动机相比，除了压气机、燃烧室、涡轮、尾喷管等结构基本一致外，涡轴发动机也有自己的特点：一般安装有自由涡轮（即不带动压气机，专为输出功率用的涡轮），如图 4-2-24 所示，而且主要用在直升机和垂直/短距起落飞机上。

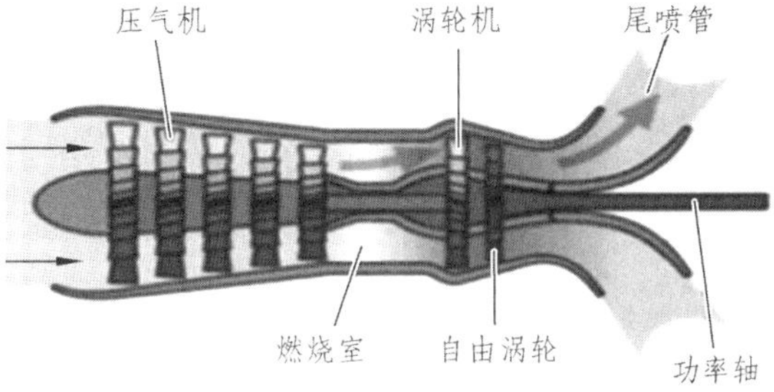

图 4-2-24　涡轴发动机结构

涡轴发动机的主要功率输出方式为功率轴输出，而尾喷管喷出的燃气速度很小，产生的推力也很小。与活塞发动机相比，涡轴发动机的功率重量比要大得多，而且涡轴发动机的总功率也大得多。目前广泛应用的涡轴发动机所产生的功率，最高可达 10 000 马力（约 7 350 kW）。在经济性上，涡轴发动机的耗油率略高于活塞式发动机，但它一般使用较为便宜的航空煤油。图 4-2-25 是装配了涡轴发动机的 MQ-8B“火力侦察兵”无人直升机。

图 4-2-25　装备了涡轴发动机的 MQ-8B 无人直升机

3. 电动机

以电动机为动力源的无人机，利用螺旋桨旋转将电动机的功率转化为推力或升力。该动力装置一般包括螺旋机、电动机、电子调速器和储能设备（如电池等）。

电动机按电流类型，可以分为直流电动机和交流电动机。其中，直流电动机是通过不断改变电流方向，使电机的转子不停地转动。这种类型的电机具有良好的调速性能而得到广泛应用。直流电动机按励磁方式分为永磁、他励和自励三类；按照电机改变电流方向的方法，又可以分为无刷直流电动机和有刷直流电动机。

有刷直流电动机的换向器是接触式的，因此存在寿命低、噪声大、换向容易产生火花、最高转速不能太高等问题。无刷直流电动机一般通过专门的电子调速器（见图4-2-26）来实现电流方向的改变，因此，具有寿命长、噪声小、最高转速可以非常高等特点，广泛应用于各类小型无人机的动力源。

图 4-2-26　无人机中无刷电动机的电子调速器

根据电动机的转子位置，无刷无人机电动机可分为内转子无刷电机和外转子无刷电机，如图 4-2-27 和图 4-2-28 所示。内转子无刷电动机具有高转速、小转矩的特点，一般适用于转速高、转矩不大的小型无人机；外转子无刷电动机具有较低转速、大转矩的特点，一般适用于转速较低、转矩较大的中小型无人机。

图 4-2-27　内转电机

图 4-2-28　外转电机

4. 电动机的能源

对于续航时间不太长的微小型无人机，一般可采用单位质量能量密度较高的锂电池作为能源，如图 4-2-29（a）所示。当无人机的载荷较大，且要求较长的续航时间时，一般采用混合动力能源，即通过活塞式发动机与发电机集成，输出稳定的电力功率，如图 4-2-29（b）所示。一般所使用的化石燃料有汽油、航空煤油等，近期也有氢燃料等绿色能源成功应用于无人机能源的报道，如图 4-2-30 所示；另外还有滞空时间大于 16 h 的太阳能无人机，如图 4-2-31 所示。

（a）锂电池

（b）混合动力装置

图 4-2-29　无人机动力装置——油电混合动力

图 4-2-30　装备了氢燃料混合动力的多旋翼无人机

图 4-2-31　西北工业大学研制的太阳能无人机

项目 3　小型无人机的组成

任务 1　学习与掌握

常见的小型无人机一般以多旋翼为主，如图 4-3-1 所示。小型无人机一般可分为机身结构、动力系统以及指挥控制系统三部分。机身结构包括机架、机臂和起落架，主要用于承载多旋翼无人机的所有设备。

（a）极飞 P30 无人机

（b）大疆 Mini2 无人机

图 4-3-1　典型多旋翼小型无人机

动力系统包括电机、电子调速器、螺旋桨和电池（或者还可能包括发电机或太阳能板等），如图 4-3-2 所示。动力系统决定了多旋翼的主要性能，如悬停时间、载重能力、飞行速度和飞行距离等。动力系统的各部件之间的型号和规格需要相互匹配和兼容，才能保证动力系统的正常工作。指挥控制系统包括遥控器、遥控接收机、数传电台、GPS 接收机、飞控计算机和地面站等，如图 4-3-3 和图 4-3-4 所示。

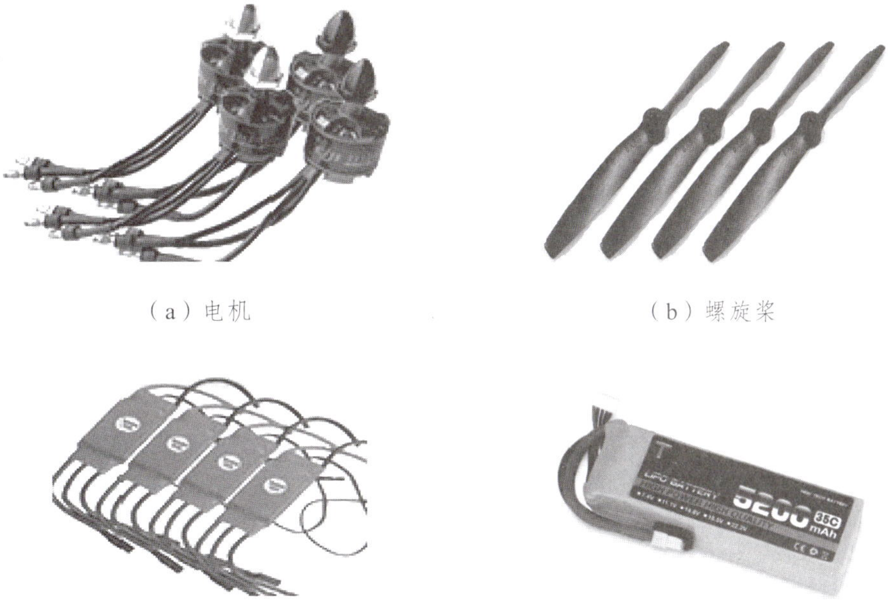

（a）电机　（b）螺旋桨

（c）电子调速器　（d）电池

图 4-3-2　小型多旋翼无人机动力系统

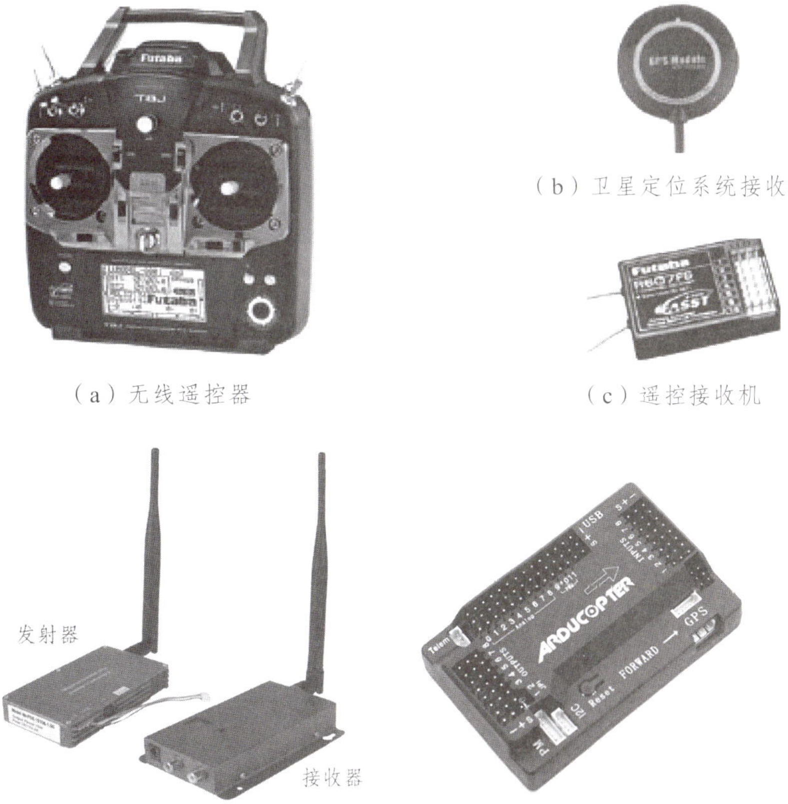

（a）无线遥控器　（b）卫星定位系统接收机　（c）遥控接收机

（d）数传电台　（e）飞行控制自动驾驶仪

图 4-3-3　无人机指挥控制系统的典型组成

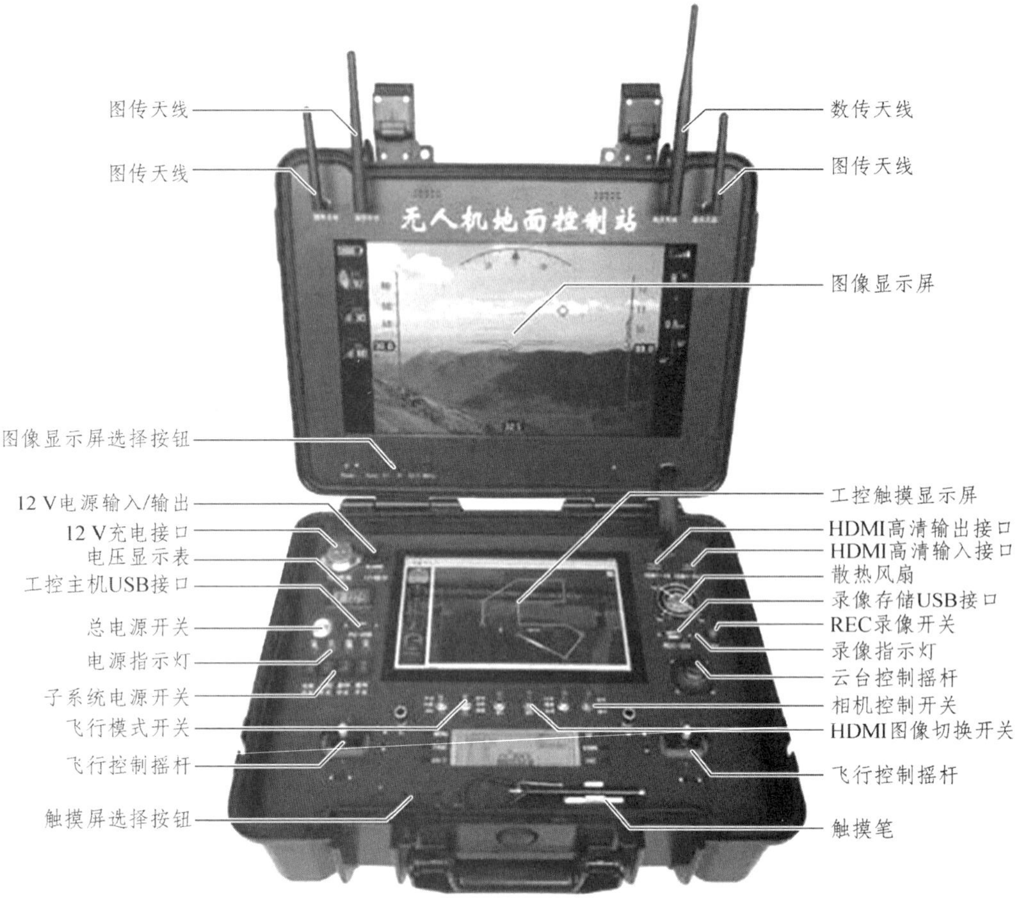

图 4-3-4　民用小型无人机地面控制站系统

通过指挥控制系统，无人机可以接收飞手（无人机驾驶员）的遥控指令，并实现相应的飞行动作；可以实现飞行参数的设置，如油门的正反、遥控杆的灵敏性、舵机的中立位置、飞行时间记录与提醒、各种功能键的设定等。一些高级功能还能回传电池电量、电流大小等数据。

任务 2　知识拓展

无人机的飞行原理与有人飞行器相同。但是，无人机不需要考虑驾驶人员的安全和生理限制，研制成本低和制造相对容易，因此其气动布局类型和变化要比有人机活跃、多样，除了类似有人机的常规设计，常常还会有一些大胆甚至近乎科幻的外形设计。

下面将从固定翼、旋翼和混合翼三种类型来分别介绍无人机的气动布局及其飞行性能。

一、固定翼

1. 常规飞机布局

与有人飞机的常规式布局类似，飞行平台有机身、机翼、后置平尾和垂尾。有些无人机可能以 V 形尾翼代替平尾和垂尾。此类布局积累的文献资料和设计经验比较丰富。由于无人机的头部一般需要安装光电吊舱、雷达、通信卫星、大气数据计算机和飞行管理计算机等电子设备，因此大多使用后置式的动力装置，如后置螺旋桨或后置涡轮喷气发动机。典型代表机型有“翼龙Ⅱ”和 MQ-9“死神”无人机，如图 4-3-5 所示。但对于动力系统而言，由于没有前置发动机的迎风冷却条件，一般都需要增加额外腹鳍作为冷却装置。

（a）MQ-9“死神”无人机　　（b）翼龙Ⅱ无人机

图 4-3-5　常规固定翼无人机布局

2. 双尾撑布局

通常而言，更大的机身和更大的翼展意味着更大的航程。因此，由常规式局部就衍生出了一个变化种类——双尾撑布局，如图 4-3-6 所示。这类布局的机型，通常机身较短，从机翼后面伸出的两个尾撑杆支撑一个平尾和两个垂尾，可以具有更大的有效载荷能力和更大的机内空间（放置机载设备和油箱等），并且容易进行重心配平。该无人机动力系统通常为后置在机身、处于两个尾撑之间的螺旋桨。

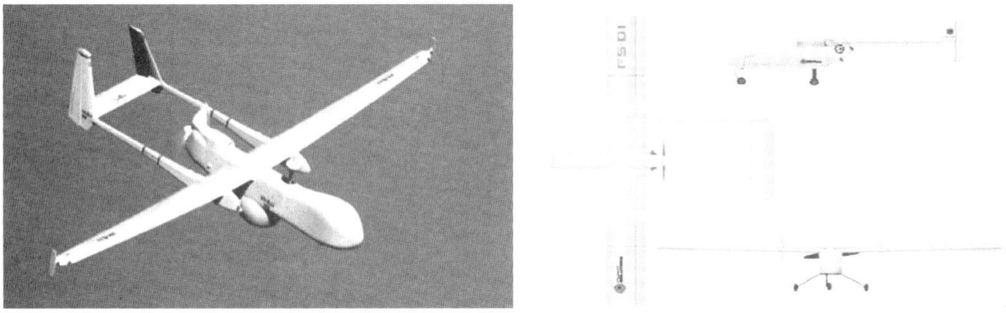

图 4-3-6　双尾撑布局

这种布局的飞机设计相对复杂，通常比同级别/同类型飞机更大，结构重量也更大，且阻力大，操纵敏捷性较低。通常后置的动力螺旋桨不会遮挡视线，机头有更大的空间容纳武器或大尺寸雷达。典型的代表有以色列的“苍鹭”和中国西北工业大学研制的“ASN-206”等，如图 4-3-7 所示。

（a）ASN-206 无人机　　（b）“苍鹭”无人机

图 4-3-7　典型双尾撑结构的无人机

3. 鸭式布局

鸭式布局，是一种出现较早的气动布局（参看莱特兄弟发明的“飞行者”一号），通常是在主翼的前面增加一个小机翼（即鸭翼），如图 4-3-8 所示。

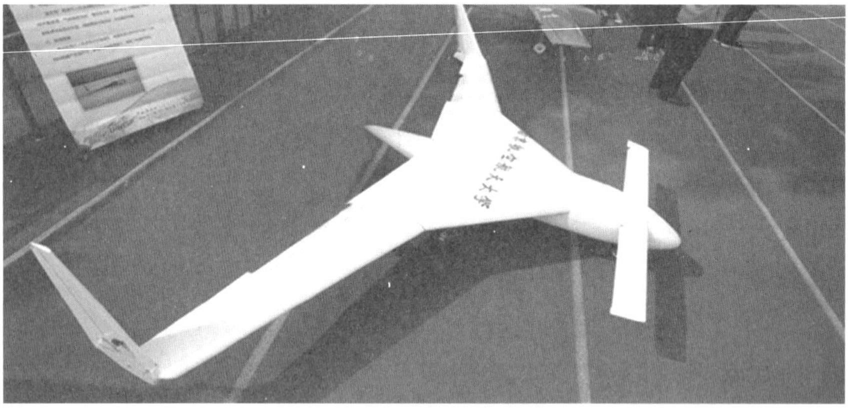

图 4-3-8　鸭式固定翼无人机布局

前置鸭翼的配平阻力比较小，具有较大的升阻比，可以用较小的机翼面积获得较大的全机升力，有利于减轻飞机的结构重量。

鸭翼不单为飞机在拉升时提供俯仰力矩，还能提供强大的涡流增升效果，获得高的升阻比，使飞机的短距拉升能力较高。与尾翼控制相比，鸭翼为静稳定机体提供了一个向上的过载，以利于其更快响应侧向加速度指令。另一方面，鸭翼布局在大迎角情况下容易失速；而且，鸭翼和其他机翼间存在相互干扰，使得机体存在翻滚的趋势。典型代表有“阵风”和歼-20 等。

4. 无尾布局

无尾布局通常指无平尾布局，仍有垂尾，如图 4-3-9 所示。无尾布局减去了平尾引起的配平阻力，提高了升阻比，并减轻了飞机重量，但是起降性能不如其他布局。

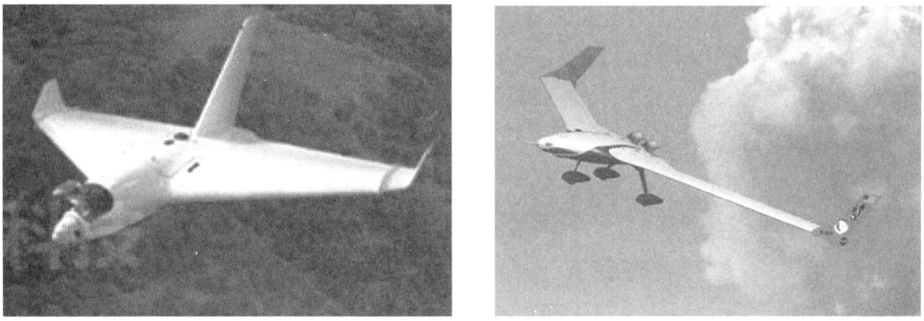

图 4-3-9　无尾布局无人机

5. 飞翼式布局

飞翼式布局指既无平尾也无垂尾且翼身融合的布局，如图 4-3-10 所示。飞翼布局有较高的升阻比，隐身性能好，并减轻了飞机重量，俯仰和横航向控制依靠机翼后缘的各种襟翼和副翼。

图 4-3-10　飞翼式布局无人机

国外高端无人机的飞翼式布局型号如图 4-3-11 所示。

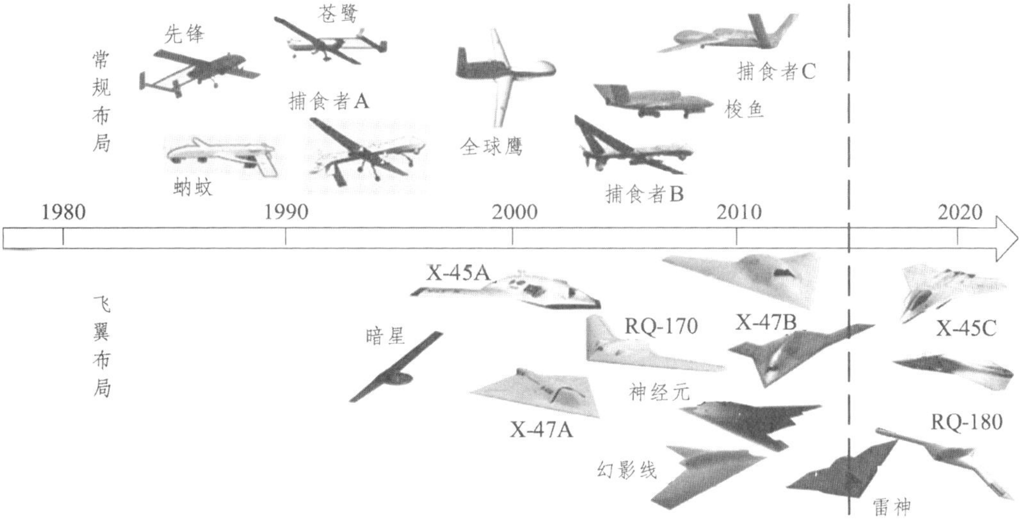

图 4-3-11　国外高端无人机的飞翼式布局型号

二、旋　翼

旋翼一般可分为单旋翼、共轴双旋翼和多旋翼。

1. 单旋翼无人直升机

单旋翼无人直升机类似于单旋翼有人直升机，通常需在机身尾部安装侧向尾桨，以提供平衡旋翼的反扭矩和控制航向。代表机型有我国航空工业的 AV500 和美国的 MQ8B 无人直升机等，如图 4-3-12 所示。

（a）AV500 无人机直升机

（b）MQ-8B 无人直升机

图 4-3-12　典型单旋翼无人机代表

2. 共轴双旋翼无人直升机

共轴双旋翼无人直升机两副转向相反的旋翼上下共轴安装，两个旋翼的反扭矩相互平衡，如图 4-3-13 和图 4-3-14 所示。

图 4-3-13　共轴双旋翼无人直升机

图 4-3-14　共轴双旋翼巡飞弹（自杀式无人机）

3. 多旋翼无人机

目前，多旋翼无人机有四旋翼、六旋翼、八旋翼等小型无人机，每一对旋翼旋转方向相反，以抵消反扭矩，利用对角旋翼转速差动来改变航向，如图 4-3-15 所示。

图 4-3-15　多旋翼无人机

三、混合翼

1. 倾转旋翼无人机

倾转旋翼无人机相当于螺旋桨安装在无人机上，螺旋桨（旋翼）可以绕机体 Y 轴线倾转，起飞时旋翼呈水平位置，可以像直升机一样垂直起飞和悬停，而旋翼转至垂直位置则可像固定翼飞机一样飞行，如图 4-3-16 所示。

实现倾转旋翼无人机的关键是倾转过程中的自动控制技术。

图 4-3-16　倾转旋翼无人机

2. 倾转旋翼机翼无人机

倾转旋翼机翼无人机相当于螺旋桨安装在机翼上的飞机，机翼连同螺旋桨（旋翼）可以绕机翼轴线倾转，起飞时旋翼呈水平位置，可以像直升机一样垂直起飞和悬停，而旋翼转至垂直位置则可像固定翼飞机一样飞行，如图 4-3-17 所示。

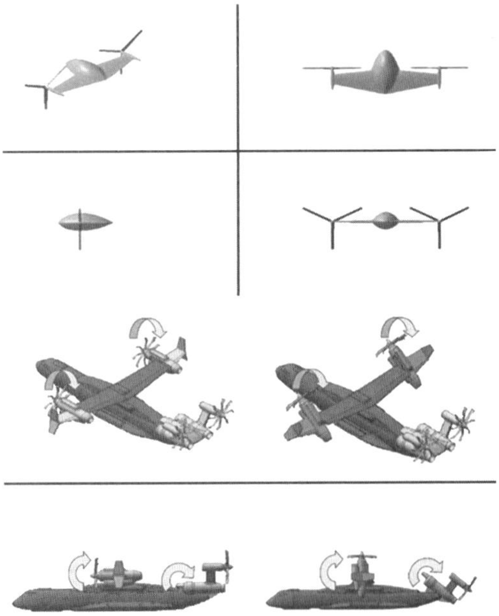

图 4-3-17　倾转旋翼机翼无人机

3. 自转旋翼无人机

自转旋翼无人机的发动机不直接带动旋翼，而是靠后置螺旋桨推动前进时的相对气流吹动旋翼，如图 4-3-18 所示。

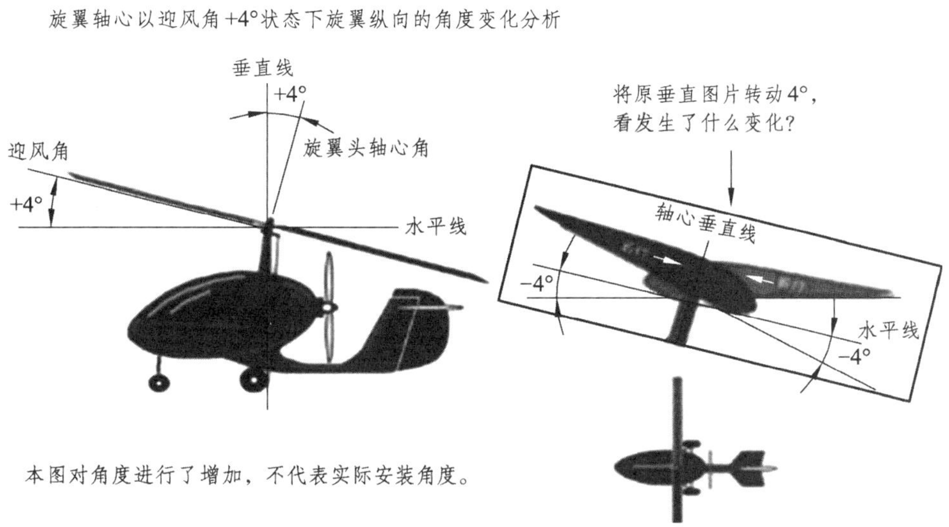

图 4-3-18 自转旋翼无人机

旋翼机前飞时其旋翼向后倾斜，在迎风气流的作用下旋转并产生升力，与直升机前飞时旋翼向前倾斜不同。旋翼机的安全性较高，因为在发动机停车后，它依然可以滑翔落地，但是机动性较差。旋翼机可以像飞机一样滑跑起飞，但不能垂直起飞和悬停。

4. 垂直起降固定翼无人机

垂直起降固定翼无人机布局特点：四旋翼 + 推进螺旋桨的复合式布局，采用了上单翼和 V 形垂尾的成熟布局，侦察监视用的光电探头置于机腹之下。4 部提供垂直升力的旋翼位于机身重心的四角，呈正方形布局，旋翼发动机通过撑杆与主翼连接。而提供前进动力的推进螺旋桨，则位于机头或者机尾，如图 4-3-19 所示。从整体上看，这类固定翼垂直起降无人机就在固定翼察打一体无人机的机身上增加了 4 部旋翼改进而来。

（a）翼飞闪电 F-28

（b）京东 VTOL

（c）大鹏 CW-20

（d）爱沙尼亚系统公司无人机

图 4-3-19 垂直起降固定翼无人机

项目 4　拓展项目

自编案例和学习感悟

学习情境 5 如何成为无人机领域的行家里手

项目 1 无人机产业发展与无人机专业体系

任务 1 了解无人机产业发展

无人机产业是现代航空航天技术与网络通信技术、人工智能、大数据融合发展形成的战略新兴产业，也是我国为数不多的可在高新技术领域与欧美日实现并跑甚至领跑的产业之一。“十三五”以来，无人机从军用到民用、从消费到工业，得到极为广泛的应用，众多产业通过“无人机+”增值赋能，实现了产业升级换代。工信部在“关于促进和规范民用无人机制造业发展的指导意见”中指出：到 2025 年，民用无人机产值达到 1 800 亿元，年均增速 25%以上。四川、广州、湖南、海南、陕西、江苏、上海等众多省市均在产业规划中将无人机产业定性为须着力打造的极具发展潜力的优势产业。在百年未有之大变局下，无人机装备对部队战斗力生成，提升国家安全的作用更加突出。习近平主席在空军航空大学视察参观时讲话“要加强无人作战研究，加强无人机专业建设，加强实战化教育训练，加快培养无人机运用。”随着无人机系统在军民领域的广泛应用，无人机市场规模和应用领域不断扩大，除了消费级无人机的持续火热，工业级无人机在农业植保、航测、警用、电力、能源、环保、应急、人工影响天气等领域成为新的热点。随着行业应用的深入，中小型无人机因续航、载荷、环境适应能力不足的短板凸显，大中型无人机技术、产品创新加速，应用领域快速拓展，市场迎来较大增长。

【课程思政】我国无人机的发展与应用

在“十三五”期间，无人机行业在各方面都快速发展。在技术方面，随着航空技术、网络通信技术、人工智能、大数据的发展与融合，无人机技术从平台系统到载荷数据处理技术得到快速发展；在需求应用方面，无人机从军用到民用、从消费到工业，应用领域得到广泛拓展；在社会基础方面，无人机从专业群体到普通大众人群中得到了广泛认知与认同。无人机快速发展也带来很多问题，“黑飞”现象层出不穷，带来极大的安全隐患。在“十三五”期间，无人机从自由“黑飞”到分级分类的风险管控试点，相关法规体系逐渐建构。

“十四五”规划中指出未来国家战略性科学计划将瞄准人工智能、量子信息、集成电路、空天科技等前沿领域，实施一批具有前瞻性、战略性的国家重大科技项目。无人机行业作为具有重大战略意义的行业，未来将向自主控制、高生存力、高可靠性、互通互联互操作等方向发展。未来，无人机需求将从产品性能需求向以任务作业与服务能力为核心的需求转变；无人机任务与作业领域将向多样化、专业化方向发展；民用无人机将从消费工业应用向无人机运输拓展；无人机平台将向长航时大中型化和微小型使用灵活化两极发展。无人机产业规模化发展已势不可挡，未来我们的生活中将出现越来越多的无人机。图 5-1-1 为无人机行业供给与需求逻辑图。

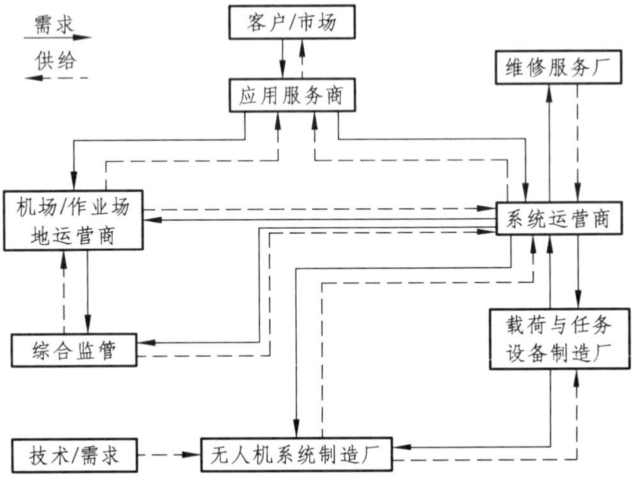

图 5-1-1　无人机行业供给与需求逻辑图

无人机产业将进一步细分，无人机产业服务体系将从如下 10 个领域系统建构：围绕无人机系统与任务载荷制造的研发生产、试验试飞服务；基于风险管理的无人机设计/生产函的适航服务；围绕无人机系统运营商的运营服务；基于安全与适航的维护维修保障服务；面向运营与作业的机场、空域、气象、航路服务；特别是面向无人机物流与运输的航线航路服务；基于安全与风险的综合监管服务；面向行业应用作业的飞行作业服务；无人机应用信息与数据处理服务；支撑无人机全产业链的人才培养与培训服务。

任务 2　了解无人机应用技术专业人才培养体系

相对传统飞行器而言，无人机系统自身特性带来新的技术技能人才需求：机型与任务更加多元化，人机系统、人员需求更加复杂化、多样化；覆盖面更广，包括飞行器、任务载荷、控制站、数据链路等，特殊的构成部分及多元化、复杂的应用场景对人才培养提出了更新更高的要求。无人机产业快速发展，人才培养定位由无人机的生产者、保障者向无人机全产业链的装调者、维保者、操控作业者、运营者、规划者等转变；技术技能培养由单一能力向“交叉”“复合”联动转变。抓住无人机系统全产业链的关键环节、关键岗位，搭建产业链、岗位链、专业链映射模型，设置专业方向，形成全产业链的专业人才培养体系，如图 5-1-2 所示。

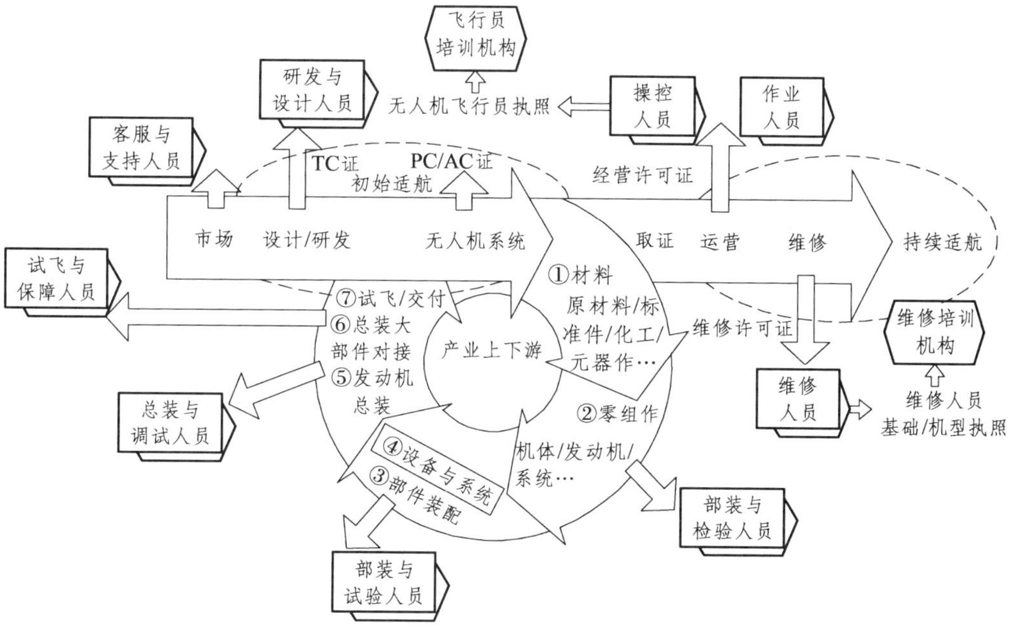

图 5-1-2　无人机系统生命周期与核心人员需求图

1. 无人机应用技术（装配与调试方向）

专业定位：面向无人机生产、制造、维修等领域，培养系统掌握无人机系统机/站/链/任务载荷的构造与工作原理，具备扎实的装配、检测、调试等专业知识和技术技能，能够从事装配、检测、调试等工作的高素质技术技能型人才。

就业方向：军民用无人机研发、生产、制造、维修企事业单位。

2. 无人机应用技术（飞行与作业方向）

专业定位：面向无人机行业应用外场作业、试验试飞等领域，培养掌握系统的无人机基础理论，具备扎实的飞行、操控、作业的专业知识和技术技能，能够从事无人机航拍、航测、植保、巡线等应用领域飞行和作业及试验试飞等工作的高素质技术技能型人才。

就业方向：军民用无人机应用、研发、运营、试验试飞等企事业单位。

3. 无人机应用技术（保障与维修方向）

专业定位：面向军民用无人机飞行保障、维护维修等领域，培养系统掌握无人机机电、航电、地面站、数据链、任务载荷、保障设备的构造与工作原理，具备扎实的装调、检测、维护与维修的专业知识和技术技能，能从事军民用无人机维护维修及维护保障管理等工作的高素质技术技能型人才。

就业方向：中国人民解放军空军部队、海军部队及军民用无人机运营、维修企事业单位。

4. 无人机应用技术（信息与数据处理方向）

专业定位：面向无人机行业应用内场作业、信息数据挖掘等领域，培养掌握系统的无人机基础理论及无人机摄影测量与遥感技术知识，具备无人机数据采集、像片控制测量、空中三角测量加密、正射影像制作和机载雷达数据处理等专业知识和技术技能，能从事无人机内业处理、信息与数据分析和管理等工作的高素质技术技能型人才。

就业方向：军民用无人机应用、研发、运营、信息与数据服务等企事业单位。

5. 无人机应用技术（适航与安全方向）

专业定位：面向无人机行业研发、制造、应用、运营等领域，培养掌握系统的无人机基础理论及适航安全法律法规，具备军民用无人机安全测试、适航管理认证、质量控制等专业知识和技术技能，能够从事无人机系统安全测试、适航管理、质量控制等工作的高素质技术技能型人才。

就业方向：军民用无人机企事业单位的测试、安全、适航、质量管理等岗位。

无人机产业链、岗位链、专业链三链映射模型如图 5-1-3 所示。

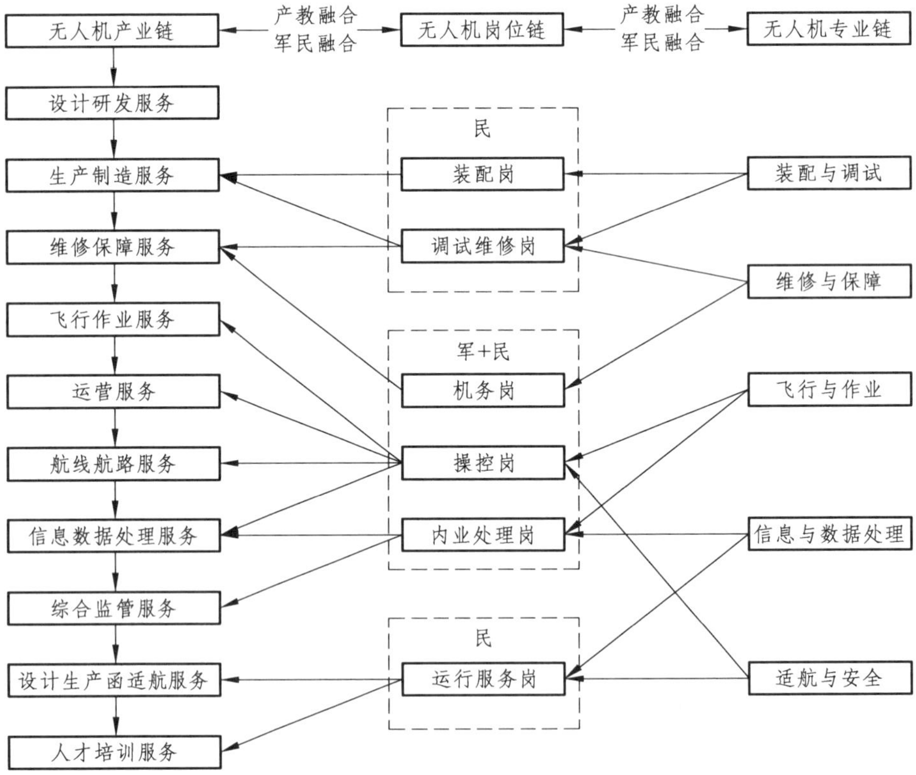

图 5-1-3　无人机产业链、岗位链、专业链三链映射模型

衔接岗位要求、职业标准、竞赛要求和多元化生源育人与育才需求，创新了“平台共享 + 进阶并行 + 赛证技拓展”的特色课程体系，如图 5-1-4 所示。

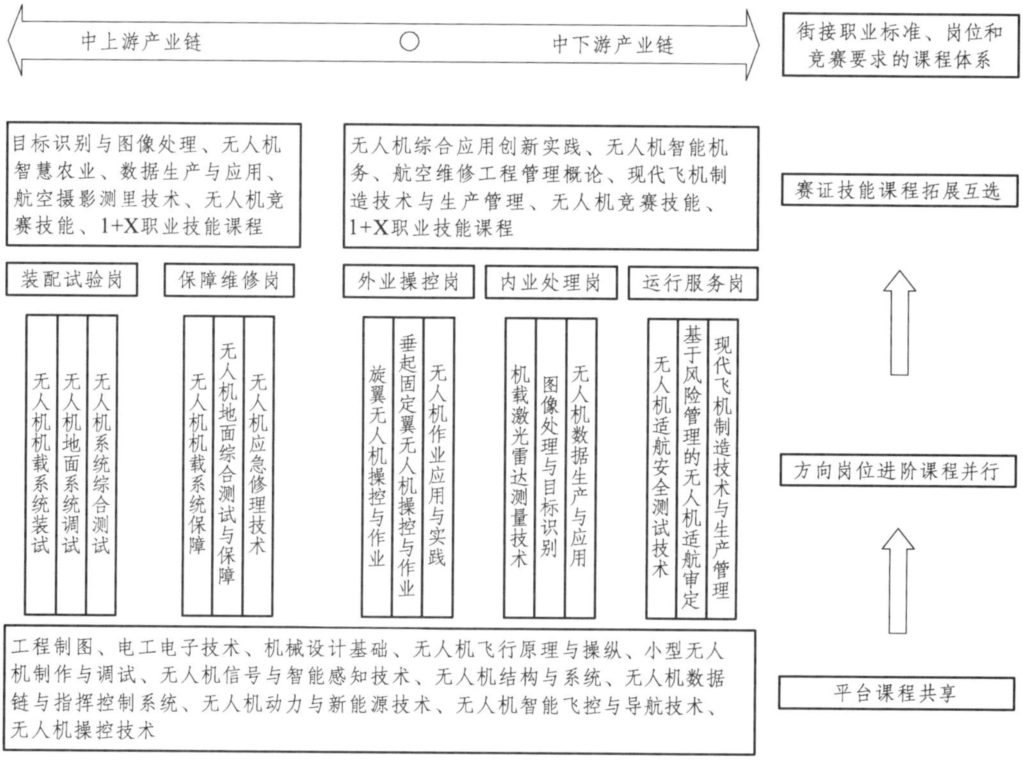

图 5-1-4 “平台共享 + 进阶并行 + 赛证技拓展”特色课程体系

任务 3　走出课堂，走进企业

任务说明：综合应用课程学习，主动选取无人机企业进行了解、学习，并形成相关报告、PPT。

项目 2　无人机职业资格

任务 1　了解无人机四大证书

无人机四大证书，就是国家职业技能等级证书、民用无人机驾驶员合格证、无人驾驶航空器系统操作手合格证、中国航空运动协会会员证。

1. 国家职业技能等级证书（COSL）

随着 2019 年国务院《国家职业教育改革实施方案》的出台，我国出现了人社和教育两个体系下的职业技能等级证书。

国家职业技能等级证书（人社部）是指经人力资源社会保障部备案的用人单位和社会培训评价组织（以下统称评价机构）在备案职业（工种）范围内对劳动者实施职业技能考核评价所颁发的证书。

职业技能等级证书（教育部）为毕业生、社会成员职业技能水平的凭证。

随着科技的发展，无人机的应用范畴不断拓宽，无人机也开始商用化，从最初的军用到现在的民用，在消费、植保、电力、安防、测绘等行业日渐成熟，从事无人机装配、调试及售后维修服务人员将长期保持亟须趋势。无人机应用在国民经济和社会生产生活中发挥着越来越重要的作用。人力资源社会保障部相继发布了“无人机驾驶员”“无人机装调检修工”“无人机测绘员”新职业。国家职业技能等级证书将由人社部门备案的评价机构依据职业技能标准或评价规范进行考核评价，对合格者授予“无人机驾驶员”“无人机装调检修工”“无人机测绘员”职业技能等级证书。

颁发单位：经人力资源社会保障部门备案的用人单位和社会培训评价组织。国家职业技能等级证书通常分为 5 个等级：初级、中级、高级、技师、高级技师。

国家职业技能等级证书是国家层面认可的技能证书，标志着劳动者的技能水平，在个人求职、企业用工方面是一个可靠的评价依据。除了可靠的就业优势外，根据各地方的规定，通过所持有的技能证书，还可以申请入户、申请技能补贴，享受各种优惠政策。

2. 民用无人机驾驶员合格证（AOPA）

中国航空器拥有者及驾驶员协会（AOPA-China）是国际航空器拥有者及驾驶员协会（IAOPA）的中国分支机构，是 IAOPA 的中国唯一合法代表。目前民航局授权了 AOPA 进行无人机执照的发授。

AOPA 证书有三个等级区分，多旋翼、直升机、固定翼，分初、中、高三个等级。每一个等级的考核内容是不同的，但是第一关都是笔试，笔试的内容都是气象、飞行过程紧急处理、无人机飞行事项、无人机操作、无人机原理、无人机法规等一些专业知识。

AOPA 培训的是基础操控，持有民用无人机驾驶员合格证，可以使用对应类别、级别的无人机进行商业飞行，可以作为向空军及航管部门申请飞行计划时的人员证照凭证。

3. 无人驾驶航空器系统操作手合格证（UTC）

中国航空运输协会通用航空分会、中国成人教育协会航空服务教育培训专业委员会颁发“无人驾驶航空器系统操作手合格证”。

UTC 课程内容有地理测绘、航拍、安防、巡检、植保 5 个领域，每一个领域都专门系统的课程体系。UTC 偏向行业应用，既有飞行技巧的培训，又有多方面的行业专项技能。

4. 中国航空运动协会会员证（ASFC 会员证）

中国航空运动协会颁发“ASFC 会员证”及“遥控航空模型飞行员执照”。

遥控类的航空模型，一般不具备飞控，其中的分级明显，有八级、七级、六级、五级、四级、三级、二级、一级、特级，共九等，八级最低，特级最高（各机型的考核要求详情请见中国航空运动协会发布的《遥控航空模型飞行员技术等级标准》）。

“ASFC 会员证”适用于航模爱好者，对航模技术的评定，是为航空体育赛事准备的技能评定证书。

任务 2　了解无人机 1 + X 证书

2019 年 1 月，国务院印发《国家职业教育改革实施方案》，明确“启动 1 + X 证书制度试点工作”，鼓励职业院校学生在获得学历证书的同时，积极取得多类职业技能等级证书。无人机领域“1 + X”主要有如下证书：

1. 无人机驾驶职业技能等级证书（初级、中级、高级）

2020 年 3 月 18 日，职业技能等级证书信息管理服务平台在《参与 1 + X 证书制度试点的第三批职业技能等级证书标准（试行版）（三）（持续发布中）》中发布该证书。

颁证机构：北京优云智翔航空科技有限公司。

无人机驾驶职业技能等级证书（初级），面向农业、工业、传媒、交通、运输、建筑、遥感、能源、水利、环保、安全、应急等存在无人机应用的领域中多旋翼无人机的操控岗位，证明持证者能按照厂家手册安装多旋翼类别无人机系统以及任务载荷，进行必要飞行前安全检查，操纵多旋翼类别无人机在视距内场景下起降以及运行，依据无人机系统手册完成日常的检查与维护工作。

（1）适用人群

初级：面向影视传媒单位、农业相关单位、交通部门、物流部门、建筑部门、应急救援部门、电力和油气等能源部门、国土部门、保险部门、环保部门、林业部门、水利部门、海事部门、无人机研发与制造单位、公安和安防部门等，从事无人机航拍、农业喷洒、病虫害监控与防治、土壤与作物检测监控、物流运输、交通线路巡检、建筑或固定设施（如桥梁、电塔等）巡检、特殊环境（如地质灾害现场、火情现场等）应急监测、电力巡检、管道与基站巡检、国土资源勘察与测绘、保险勘察、环保检测、森林巡检、水域监测、海事巡检、安防巡检等多种运行场景下的多旋翼无人机系统视距内飞行操控岗位。

中级：面向影视传媒单位、农业相关单位、交通部门、物流部门、建筑部门、应急救援部门、电力和油气等能源部门、国土部门、保险部门、环保部门、林业部门、水利部门、海事部门、无人机研发与制造单位、公安和安防部门等，从事无人机航拍、农业喷洒、病虫害监控与防治、土壤与作物检测监控、物流运输、交通线路巡检、建筑或固定设施（如桥梁、电塔等）巡检、特殊环境（如地质灾害现场、火情现场等）应急监测、电力巡检、管道与基站巡检、国土资源勘察与测绘、保险勘察、环保检测、森林巡检、水域监测、海事巡检、安防巡检等多种运行场景下的无人机系统视距内与超视距模式的操控和运行管理岗位。

高级：面向影视传媒单位、农业相关单位、交通部门、物流部门、建筑部门、应急救援部门、电力和油气等能源部门、国土部门、保险部门、环保部门、林业部门、水利部门、海事部门、无人机研发与制造单位、公安和安防部门等，从事无人机航拍、农业喷洒、病虫害监控与防治、土壤与作物检测监控、物流运输、交通线路巡检、建筑或固定设施（如桥梁、电塔等）巡检、特殊环境（如地质灾害现场、火情现场等）应急监测、电力巡检、管道与基站巡检、国土资源勘察与测绘、保险勘察、环保检测、森林巡检、水域监测、海事巡检、安防巡检等多种运行场景和多种运行模式下的无人机系统操控与运行指挥岗位，也可从事无人机型号测试、系统软硬件选配调试与维修，以及保障运行所需的装配调整、维护和飞行前检查工作。

（2）取证要求

初级：依据证书考核方案与制度，展示完成以下工作任务相关的知识与技能水平。针对多旋翼无人机，能够完成保障安全必要的飞行前检查工作，在辅助定位系统工作的无人机系统状态下操控无人机进行起降、悬停及视距内常用机动科目飞行，降落后完成机体检查、回收以及日常简易维护工作。

中级：依据证书考核方案与制度，展示完成以下工作任务相关的知识与技能水平。能够完成无人机机体、视距内与超视距控制链路、飞控等全系统飞行前检查，在辅助定位系统工作的无人机系统状态下操控无人机进行视距内复杂机动航线飞行，完成无人机超视距航线规划与飞行，降落回收后检查与更换易损件。

高级：依据证书考核方案与制度，展示完成以下工作任务相关的知识与技能。能根据飞行任务需要装配无人机机体、飞行控制以及任务载荷，并完成系统整体调试，设计作业方案及应急处置预案，在辅助定位系统不工作的模式下操纵无人机进行视距内复杂机动航线飞行，完成超视距航线任务指挥与应急返航执行，能进行作业数据后期处理，能完成飞行器性能参数收集任务，对系统各部件进行检查、维修与更换。

2. 无人机检测与维护职业技能等级证书（初级、中级、高级）

2021 年 3 月 15 日，职业技能等级证书信息管理服务平台在《参与 1 + X 证书制度试点的第四批职业技能等级证书标准（试行版）（一）（持续发布中）》中发布该证书。

颁证机构：北京优云智翔航空科技有限公司。

无人机检测与维护职业技能等级证书（初级）考核学生是否能对无人机系统进行起飞前后安全监控与检测工作，并使用专业的机械工具根据标准施工方案对无人机的关键部件、设备以及零件进行拆装和维护维修。

（1）适用人群

初级、中级、高级：主要面向影视传媒单位、农业相关单位、交通部门、建筑部门、应急救援部门、电力等能源部门、国土资源勘查部门、环保部门、无人机研发与制造单位、公安部门等，从事无人机航拍、农业喷洒、病虫害监控与防止、土壤与作物检测监控、物流运输、交通线路巡检、电力巡检、管道与基站巡检、国土资源勘察与测绘、保险勘察、环保检测、建筑或固定设施（如桥梁、电塔等）检查、特殊环境（如地质灾害现场、火情现场等）等多种运行场景下的无人机系统检测、调试、维护、维修工作，也可从事保障运行与任务执行所需的装配调整及航前、航后检查工作。

（2）取证要求

初级：能对无人机系统进行起飞前后安全监控与检测工作，并使用专业的机械工具根据标准施工方案对无人机的关键部件、设备以及零件进行拆装和维护维修。

中级：能使用专业电子电气工具对无人机机载电子设备进行拆装和维护维修以及飞行/载荷控制线路施工，并完成静电防护和无人机各部件的介电性能检查，对各类插头的拆装、清洁、保护和防松作业以及对动力系统的维护维修。

高级：能使用专业电子电气工具对无人机机载电子设备进行拆装和维护维修以及飞行/载荷控制线路施工，并完成静电防护和无人机各部件的介电性能检查，对各类插头的拆装、清洁、保护和防松作业以及对动力系统的维护维修。

3. 无人机摄影测量职业技能等级证书（初级、中级、高级）

2021 年 3 月 31 日，职业技能等级证书信息管理服务平台在《参与 1 + X 证书制度试点的第四批职业技能等级证书标准（试行版）（二）（持续发布中）》中发布该证书。

颁证机构：天水三和数码测绘院有限公司。

（1）证书对应的专业领域

测绘地理信息、无人机、图像处理等专业，主要面向自然资源、住房和城乡建设、林业和草原、生态环境、交通运输、水利水电、农业农村、文化和旅游、应急管理、国防、公安消防等部门，从事自然资源调查、农林监测、电力巡检、国土测绘、智慧城市建设、城市规划、道路勘测、智慧旅游、应急监测、生态环境监测、矿产地质勘查、智慧消防等。

（2）取证要求

初级：掌握摄影测量基本概念、基本原理；掌握无人机基本性能及飞行操作；了解像控点布设方法，按照规范要求进行像控点测量；初步掌握空中三角测量加密、DEM、DOM 数据生产方法，并通过相关内容考核。

中级：掌握无人机摄影测量技术要求；掌握无人机地面站参数设置及飞行操作；掌握像控点布设及测量的技术要求；熟练掌握空中三角测量加密、DEM、DOM 和 DLG（数字线划地图）数据生产流程，并通过相关内容考核。

高级：掌握技术设计书、技术总结编写；掌握无人机飞行原理、无人机组装、无人机飞行操作；根据生产任务要求及摄影相机参数进行航线设计；掌握无人机航摄成果的可靠性检测；完成空中三角测量加密成果的接边、格式转换；掌握实景三维模型制作及编辑；掌握无人机摄影测量数字产品的行业应用，并通过相关内容考核。

4. 无人机航空喷洒职业技能等级证书（初级、中级、高级）

2021 年 3 月 31 日，职业技能等级证书信息管理服务平台在《参与 1 + X 证书制度试点的第四批职业技能等级证书标准（试行版）（二）（持续发布中）》中发布该证书。

颁证机构：北京翔宇教育咨询有限公司。

主要面向农业部门、林草部门、应急救援部门、消防部门、防疫部门以及无人机研发与制造等部门单位，从事无人机特殊环境（如火情现场等）等多种运行场景下的无人机喷洒操控工作，也可从事无人机型号测试，以及保障运行所需的装配调整、维护和飞行前检查工作。

（1）适用人群

初级：① 试点院校考生。中职试点院校相关专业学生，完成试点院校组织的中级无人机航空喷洒职业技能培训后可报考中级证书。② 社会考生。中职院校学生或具备中职以上学历，完成中级无人机航空喷洒职业技能培训后可报考中级证书。

中级：① 试点院校考生。高职试点院校相关专业学生，完成试点院校组织的中级无人机航空喷洒职业技能培训后可报考中级证书。② 社会考生。高职院校学生或具备高职以上学历，完成中级无人机航空喷洒职业技能培训后可报考中级证书。

高级：① 试点院校考生。本科试点院校相关专业学生，完成试点院校组织的高级无人机航空喷洒职业技能培训后可报考中级证书。② 社会考生。本科院校学生或具备本科以上学历，完成高级无人机航空喷洒职业技能培训后可报考中级证书。

（2）取证要求

初级、中级、高级：无人机航空喷洒职业技能等级认证考核采取“理论＋实操”形式，理论采用线上考试，实操采用现场飞行任务操作考试。70 分以上为合格，理论占比 30%，实操占比 70%。

5. 物流无人机操作与运维职业技能等级证书（初级、中级）

2021 年 3 月 31 日，职业技能等级证书信息管理服务平台在《参与 1＋X 证书制度试点的第四批职业技能等级证书标准（试行版）（二）（持续发布中）》中发布该证书。

颁证机构：北京京东乾石科技有限公司。

京东基于自身在物流领域广泛应用无人机的经验以及对未来无人机在物流领域的应用所开发的，面向中高职及应用型本科院校学生，主要是针对无人机在末端配送的物流基本操作、应用、无人机日常维护与保养的技能的培训和考核，从而使学生具备操作、检修无人机，并应用无人机在物流领域从事相关工作的基本技能。初级证书主要技能：主要面向大中型企事业单位的物流部门以及第三方物流公司，储运公司，飞行器制造、服务、教育、应用等企事业单位的运营或服务部门的基础运营岗、货物分拣岗、配送运输岗、无人机装配岗、无人机试飞岗、无人机维护与检修等相关岗位，从事无人机的组装与维修、售后服务等相关工作，具备无人机货物的分拣操作，无人机的组装、维修等能力。初级证书主要面向岗位：主要面向物流行业的基础运营岗、货物分拣岗、配送运输岗等，从事无人机货物的分拣、配送、运输等工作；或面向无人机行业的无人机装配岗、无人机试飞岗、无人机维护与检修等相关岗位，从事无人机的组装与维修等相关工作。

（1）适用人群

初级、中级：主要面向中高职及应用型本科、职业技术大学等相关专业的在校学生，从事物流无人机操作、管理、运维等相关岗位或致力于在该领域就业的社会人员。

（2）取证要求

初级：通过培训评价组织机构组织的上机理论考试和实操考试，且考试成绩合格。考评实行百分制，考试合格者应满足：理论考核与实操考核两科得分均达到或超过总分的 60%。

中级：通过培训评价组织机构组织的上机理论考试和实操考试，且考试成绩合格。

考评实行百分制，各等级职业技能考试合格者应满足：理论考核与实操考核两科得分均达到或超过总分的 60%。

6. 无人机操作应用职业技能等级证书（初级、中级、高级）

2021 年 4 月 2 日，职业技能等级证书信息管理服务平台在《参与 1+X 证书制度试点的第四批职业技能等级证书标准（试行版）》（三）（持续发布中）中发布该证书。

颁证机构：深圳市大疆创新科技有限公司。

无人机操作应用职业技能等级证书，面向使用多旋翼无人机进行航拍、植保、测绘、巡检等作业的岗位，证明持证者能正确安装多旋翼无人机及任务载荷，能进行飞行前安全检查，掌握多旋翼无人机操作技能，能使用多旋翼无人机进行作业，并能对多旋翼无人机进行日常检查及维护保养工作。

（1）适用人群

初级：无人机专业和新闻、影视、传媒、农业、工业、交通、运输、建筑、测绘、遥感、能源、水利、环保、安全、应急等专业中开设无人机课程的中等职业院校学生、高等职业院校学生。

中级：无人机专业和新闻、影视、传媒、农业、工业、交通、运输、建筑、测绘、遥感、能源、水利、环保、安全、应急等专业中开设无人机课程的中等职业院校学生、高等职业院校学生、应用型本科学校学生。

高级：无人机专业和新闻、影视、传媒、农业、工业、交通、运输、建筑、测绘、遥感、能源、水利、环保、安全、应急等专业中开设无人机课程的高等职业院校学生、应用型本科学校学生。

（2）取证要求

理论和实操考试，满分均为 100 分，60 分及格。

7. 无人机组装与调试职业技能等级证书（初级、中级、高级）

2021 年 4 月 2 日，职业技能等级证书信息管理服务平台在《参与 1+X 证书制度试点的第四批职业技能等级证书标准（试行版）》（三）（持续发布中）中发布该证书。

颁证机构：中国航空工业集团有限公司。

证书对应的专业领域为所有无人机及相关专业。面向的主要岗位为：无人机装调检修工、无人机驾驶员、无人机测绘操纵员等岗位群，面向无人机研发、生产、应用、销售、维修企业从事无人机配件选型、型号测试、零部件加工、装配调试、维护保养等工作。

（1）适用人群

初级、中级、高级：① 中职、高职或应用型本科学校（或同等学力）在校生，所学专业为无人机组装与调试职业技能等级标准对应专业；② 初中及以上学历（含同等学力）毕业且从事无人机相关工作满 1 年以上（含 1 年）者。

（2）取证要求

初级、中级、高级：无人机组装与调试理论考试试卷满分 100 分；实操考试试卷满分 100 分。理论考试和实操考试合格标准为单项分数均大于等于 60 分，两项成绩均合格的学员可以获得相应级别的职业技能等级证书。其中，任一考核不通过，则本次职业技能等级考核不通过，成绩不保留。

8. 无人机拍摄职业技能等级证书（初级、中级、高级）

2021 年 4 月 2 日，职业技能等级证书信息管理服务平台在《参与 1 + X 证书制度试点的第四批职业技能等级证书标准（试行版）》（三）（持续发布中）中发布该证书。

颁证机构：中大国飞（北京）航空科技有限公司。

取得无人机拍摄职业技能等级证书后可在摄影摄像、病虫害监控与防治、土壤与作物检测监控、交通线路巡检、建筑或固定设施（如桥梁、电塔等）巡检、特殊环境（如地质灾害现场、火情现场等）应急监测、电力巡检、管道与基站巡检、国土资源勘察与测绘、保险勘察、环保检测、森林巡检、水域监测、海事巡检、安防巡检等方向进行就业。

（1）适用人群

初级、中级、高级：中等职业学校（不包含技工学校）、高等职业学校、应用型本科学校的学生及社会人群。

（2）取证要求

初级、中级、高级：取证人员年满 15 周岁，三年内无刑事犯罪记录，具有初中及以上文化程度，学时时长为 60 课时后可申请取证。

项目 3　拓展项目

自编案例和学习感悟

参考文献

[1] 陈裕芹. 无人机概论[M]. 北京：航空工业出版社，2019.

[2] 严月浩. 无人机概论[M]. 西安：西北工业大学出版社，2018.

[3] 符长青. 无人机空气动力学与飞行原理[M]. 西安：西北工业大学出版社，2017.

[4] 杨俊，杨军利，叶露. 飞行原理[M]. 成都：西南交通大学出版社，2012.

[5] 何先定. 无人机操控技术与任务设备[M]. 北京：航空工业出版社，2020.

[6] 王秀春，顾莹，李程. 航空气象[M]. 北京：清华大学出版社，2014.

[7] 贾玉红. 无人机系统概论[M]. 北京：北京航空航天大学出版社，2020.

[8] 何先定. 大中型无人机维修保障体系建设的思考[J]. 航空维修与工程，2021(8)：23-26.